最新の研究でわかった
人生を支配する真実

すべて遺伝子のせいだった!?

医学博士／国際医療福祉大学教授
一石英一郎

アスコム

はじめに

「すべて遺伝子のせい」ってホント？

『すべて遺伝子のせいだった⁉』という本書のタイトルを目にして、背が高いのも低いのも、粘り強いのも飽きっぽいのも、足が速いのも遅いのも、頭がいいのも悪いのも、全部遺伝子で決まっているのだったら、もう頑張りようがないじゃない。そう思ったあなた。

そうなんです。あなたの人生は、すべて遺伝子で、生まれたときから決まっているのです。

私は学生のころからいまに至るまで、遺伝子の研究をしています。世界中にある最新の論文を読み、研究を続けて27年になります。そのなかで、遺伝子について、いろいろなことがわかってきました。

この本では、最近になって明らかになったギャンブル遺伝子、浮気遺伝子、ボケやすい遺伝子、勤勉遺伝子、ドM遺伝子などについて、わかりやすく紹介しています。

すべて遺伝子のせいで、生まれたときにすべてが決まっているのなら、いい遺伝子も悪い遺伝子も全部、引き継ぐことになってしまいます。

たとえば、希代《きたい》の詐欺師だった親の子どもはみんな詐欺師になるかというと、それは違いますよね。浮気性の親の子どもだからといって、みんな浮気者になるわけではありません。逆に、親が一流の経営者であっても、2代目に経営センスが全然ないことだってよくある話です。

では、そうした違いはどうして生まれてくるのでしょうか。冒頭で、遺伝子がすべてを決めているといいましたが、本当は遺伝子がすべてを決めているわけではないのです。ある遺伝子を持って生まれたとしても、その後の努力で、いいところは伸ばし、悪いところは抑えることができるとわかってきたのです。本書では、それについても詳しく書いています。

そもそも遺伝子って、なんなの？

あなたは、親と顔が似ていますか？

その昔、よく顔が似た親子を見て、目には見えないけれど「何か」が親から子へ伝えられているのではないか、と考えた人がいました。

その「何か」が「遺伝子」と名づけられたのは、ほんの100年ちょっと前のことです。「遺伝子」とは、親から子へ引き継がれる情報のことなんですね。そして遺伝子（＝情報）の正体は、細胞の中にある「DNA《ディエヌエー》」という化学物質であることがわかりました。ここでは、「DNAは生物ができあがっていくための設計図」だと覚えていてくだされば大丈夫です。

それから、遺伝子工学は飛躍的に発展しました。

2003年には「ヒトの全遺伝子情報の1セット」（ゲノムといいます）がどうなっ

ているかを読む「ヒトゲノム計画」が完了しました。すべての遺伝情報を長い長い本1冊に書かれたたくさんの文字だとすれば、「どの文字がどう並んでいるか」が全ページほぼ解明されたのです。

その後、たとえば次のようなことが、どんどんわかってきました。

5000人を対象に、ある遺伝子を調べたら3タイプに分かれました。次に同じ5000人に性格検査をすると、3タイプそれぞれに属する人の性格（恋愛に対する傾向）が、統計的にはっきり分かれたというのです。1つ目の遺伝子タイプの人は「恋愛にはまりやすい」けれど、2つ目の人は「他人に冷ややか」で、3つ目の人は「どちらともいえない」という結果でした。

これは「性格」の例ですが、学習や仕事についての「才能」や、病気にかかりやすい、かかりにくいといった「健康」などに関係する遺伝子も続々と発見され、その有無やタイプによる違いが研究されています。

そこで、この本では、あなたがあなたであることを決めているさまざまな遺伝子を、わかりやすく楽しく紹介していきます。第1章では「才能」、第2章では「性格」、第3章では「健康や病気」を決める遺伝子を中心にお話しします。いずれも実験や研究が重ねられ、学術論文も提出されて、国際的に認められた遺伝子の話です。

「ええっ⁉ 私が長年悩んでいたことは、遺伝子が決めてたわけ？」と驚かれるかもしれませんが、それは絵空事ではないのです。

でも、遺伝子研究は、まだ入り口から足を一歩踏み入れた段階です。遺伝子Aの働きはわかりました。その働きを調節する遺伝子Bも見つけました。Bの調節の度合いには遺伝子Cが関係するけれど、遺伝子Dがなければ機能しない……という具合に、プロセスが複雑に重なり合っています。ですから、まだブラックボックスの部分が多いのです。

しかも、遺伝子がよく働くかどうかには「環境」も関わってきます。また、遺伝子が働きはじめるスイッチとなる「誘因」もあります。時には「偶然」も考えられます。

たとえば、子宮がんの遺伝子を伝え持っているけれど、ある年齢以下ではほぼ100%働かないとか、まったく発症せずに長生きできたとかいうことが、ふつうに起こります。子宮がんの遺伝子を持っていたとしても、あとからの「働きかけ」によって、遺伝子の機能が大きく違ってくるからです。

この働きかけを、私は「遺伝子を鍛える」といっています。この話は、第4章にまとめました。

もっと遺伝子のことを知りたいという方のために、最後の第5章では、遺伝子についての基本的な知識を、やさしく説明しています。そこでは、新型コロナウイルス感染症遺伝子についての話や、いま注目を浴びている遺伝子ビジネスについても触れました。興味のある方は、ぜひ併せてお読みください。

遺伝子を鍛えれば、人生は変わる！

遺伝子は、あなたがどんな脳や筋肉を持つかを決めています。どんな脳なのかで才能や性格は決まり、どんな筋肉なのかで運動能力も決まりますね。才能は仕事がうまくいくか、性格は人間関係や結婚がうまくいくかを左右するし、運動能力に優れていればオリンピックで金メダルを取れるかもしれません。

こう考えると、遺伝子は「あなたの将来こうあるかもしれない可能性」の多くを決定しているといえるでしょう。それどころか「あなたの人生」の半ば以上を決めている、ともいえそうです。

だからといって、あなたの運命を遺伝子が100％決めていて、あなたはその運命から逃れられない、ということではありません。

「なんだ、遺伝子で性格や病気まで決まっているのなら、自分は遺伝子の持った運命のまま生きるしかないじゃないか。努力してもムダなのか」なんて、間違っても思わないでください。

決してそうではないのです。私が本書でお伝えしたいのは、遺伝子について知れば知るほど、あなたの「遺伝子の鍛え方」がわかり、ある遺伝子を活発に働かせる方法や、また別の遺伝子を抑えておく方法を、身につけることができるということです。仮にあなたがよくない遺伝子を持っていたとしても、決してあきらめないでください。

遺伝子の鍛え方によって、才能を引き出すことも、病気を防ぐこともできる可能性を秘めているのです。遺伝子を鍛える方法は、生活習慣を変える、脳や身体を使う訓練をする、食物や薬を摂るなどさまざまです。

「鍛え方」がわかれば、あなたは、遺伝子が決めているかもしれない運命に、自ら立ち向かい、それを変えて、望ましい人生をめざすことができるでしょう。

それには、まず、どんな遺伝子があって、あなたが持っている遺伝子は何か、について知ることが大切です。そのために本書がお役に立てば、これほどうれしいことはありません。

一石英一郎

最新の研究でわかった人生を支配する真実
すべて遺伝子のせいだった⁉

――目次

第2章

遺伝子が「性格」を決める？

――個性や人となりを左右する遺伝子とは

第3章　遺伝子が「健康」を決める？

——病気に強い身体をつくり、健康や長寿をもたらす遺伝子とは

第4章

遺伝子は鍛えられる！

遺伝子の負の働きを抑え、よい働きをうながして、よい人生にできる！

第5章

そもそも遺伝子ってなに？
――もっと遺伝子のことを知りたい人のために

第1章

遺伝子が「才能」を決める？

――仕事の効率を高め、子どもの能力を引き出す遺伝子とは

なぜモテない？
アスコム営業部
次長のマスオ
39歳独身です！
国立大卒
仕事熱心
上司の評価が高く
お金持ち
ほぉ〜
1
グルメ
ファッションセンスもよし
女にモテる
遺伝子がない
ようですなー
キャーッ

新しいものが大好きな「開拓遺伝子」

「あの人には才能があるから成功するよ」とか、「私には才能がないからダメだ」とか、日頃よく耳にしますね。才能は、あるか・ないか、で語られることの多い言葉です。それを決めているのは、遺伝子なのでしょうか？

この章では、おもに才能に関係するとされる遺伝子を紹介していきます。

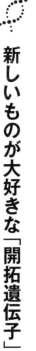

この先「○○遺伝子」という言葉がよく出てきます。たとえば「○○の働きを持つ酵素をつくり、コロナワクチンにも使用されているmRNA《エムアールエヌエー》のもとになる遺伝子」と書くほうが科学的で正確でも、わかりやすく象徴的な言葉で「○○遺伝子」とします。

ヒトの脳は、一言でいうと神経細胞のかたまりです。1000億といった膨大な数の神経細胞（ニューロン）がシナプスと呼ばれる部分を介して複雑につながり、巨大なネットワークをつくっています。シナプスでは「神経伝達物質」が受け渡されて情報が伝わります。シナプスの数は150兆、あるいはもっと多いともいわれます。

脳内には、「脳由来神経栄養因子」（BDNF＝Brain-derived neurotrophic factor）と呼ばれるタンパク質があります。これは神経細胞に働いて、その生存や活動を支えたり、成長を促したりしています。いま、世界の科学者たちが注目し、研究を進めているものです。

BDNFを生み出す遺伝子が存在すること、その「BDNF遺伝子」にいくつかのタイプがあることもわかっています。このうち知性や知的好奇心と関係があり、新しい経験を受け入れることに寛容なタイプの遺伝子に「開拓遺伝子」というのがあります。

開拓には、誰も足を踏み入れたことのない荒野を切り開く、力強いイメージがあります。そんな大それたことでなくても、近くに新しい店がオープンしたから開拓しよう、なんていう場合にも使われますよね。カフェでも、お寿司屋さんでも、美容室でもいいんです。

開拓の傾向が強い人は、新しいことにさかんに興味を示す、知的好奇心の強い人です。それを実行に移す行動力も必要でしょう。実際オープンした店に行かなければ、開拓したとはいえませんね。さらに、世の中のふつうの考え方にとらわれず独創的な発想をし、芸術的な創造性を発揮することも少なからずあります。

ピカソの強烈な絵を思い出してください。彼は荒唐無稽《こうとうむけい》とも思える人物像を大量に残しました。10代ころのデッサンを見ると早熟で、とにかくうまい。中学生だけど、このままで芸術大学に楽勝で合格だろう、というような絵を描きました。しかし、既存の美術界には魅力を感じず、古典に深く学び、生涯新しい道を開拓しつづけました。彼は強い開拓遺伝子を持っていたのかもしれません。そんな人は極端な場合、夢想や空想が過ぎて無謀な行動をとることもあります。

開拓の傾向が弱い人は、なじんだものを好み、大きな変化を望まず、保守的で堅実な生活を送りがちです。先ほどの話でいえば、行きつけの店ばかりを好む人が当てはまりそうです。この傾向が極端に出ると、伝統や権威にこだわりすぎる頑迷な人ということになるかもしれません。

「好奇心遺伝子」が強いタイプは、才能がある人？

開拓遺伝子と呼び方が似ていますが、「好奇心遺伝子」というのもあります。

アメリカ・カリフォルニア大学がヨーロッパの約1万1600人、1人あたり約120万という遺伝子のパターンを対象に、性格との関連を調べました。この大規模な研究によると、好奇心が弱いタイプ、やや弱いタイプ、やや強いタイプ、の3つに分かれることがわかりました。

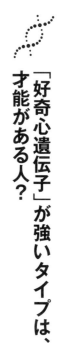

この遺伝子は、脳の神経細胞にあるニューレキシンというタンパク質をつくり出します。ニューレキシンは、シナプスをつくったり神経伝達物質が出たりすることに関係します。

遺伝子のほんのちょっとした違いで、神経細胞の働きや情報の伝わり方が変わり、好奇心の強弱が出ます。そんな違いが重なっていけば性格まで異なってくると考えられます。好奇心が強ければ自分の世界をどんどん広げたり、深めたりして、積極的な性格になっていくでしょう。仕事の能力――企画・説明・書類づくり・計算といった能力は同じでも、課題を達成できるかどうかにまで差が出てくるかもしれません。

この大規模研究には、アメリカの著名な精神科医で遺伝学者クロニンジャー博士が考案した「TCI」という気質と性格を判定する検査が使われました。よく的を射ているというので世界に広く普及していますから、ちょっと紹介しておきます。

博士によれば、ヒトには4つの気質(気質因子)があります。

新奇性追求(新しいもの好き)、損害回避、報酬依存、固執の4つで、これらの気質は遺伝の関与が大きく、幼年期から現れてきます。この気質によって私たちは一人ひとり、世界の感じ方が異なるようです。

一方、ヒトには3つの性格(性格因子)があります。自尊心、協調性、自己超越性の3つで、これも遺伝が影響すると考えられていますが、環境の影響も大きく、自分はこうありたいという意識が強まる成人期に成熟します。

これら７つの因子（次元ともいいます）がどう関係しているかが問題です。なぜなら、４つの気質の上に３つの性格が乗るかたちで、個性や人格（パーソナリティ）をつくっているからです。それを調べるためには、用意した２４０個の短い質問にイエス、ノーで答えていけば、おおよそどんな傾向の人かわかる。――これがクロニンジャー博士の考案したＴＣＩです。日本でもこの検査を受けることができます。

いくつになっても脳細胞は増える 若返りの「ＢＤＮＦ遺伝子」を働かせるには？

ちょっと前まで、脳というのは20歳《はたち》くらいで完成し、あとは膨大な数の細胞が少しずつ死んでいくだけだ、とされていました。

末期がんの患者さんの脳を調べて「新しい細胞が生まれている」とわかったのは20世紀の末です。現在は、その重要なカギがタンパク質の一種、ＢＤＮＦ（脳由来神経栄養因子）だと考えられています。

ＢＤＮＦが元気に出てくれれば、脳の細胞が増え、脳がよみがえったり若返ったりします。記憶を司《つかさど》る「海馬《かいば》」や、記憶・学習・感情や行動の制御など高度な精神活動を司る「前頭前野《ぜんとうぜんや》」などで、脳の細胞が生まれ変わることができれば、脳の機能はもっと働くようになるでしょう。なんだか希望がわいてきますね。

ＢＤＮＦは、運動するとさかんに出てくることがわかっています。ウォーキング（有酸素運動）、レジスタンス・エクササイズ（筋肉に抵抗をかける運動）などの有効性は、第４章で詳しくお話ししましょう。

また、感動して笑っている時間が長いと、ＢＤＮＦが増える、という研究報告もあります。笑うことで脳内にＢＤＮＦが増え、細胞が元気にどんどん再生すれば統合失調症にもプラスのはずだ、と思われています。

世の中、笑って損した人は一人もいない、まさに「笑う門には福来たる」ということでしょう。でも一人あるそうで、金箔屋の主人が大笑いして金粉を吹き飛ばしてしまい、大損をした。――とこれは古今亭志ん生さんの落語で聞きました。

「ストレスに強い遺伝子」がなくても、ストレスに強くなれる

日頃、ストレスをあまり感じたことがないという人がいたら、とても幸せな状況にあるか、ストレスに強い遺伝子タイプの人かもしれません。メンタルが強いといわれる人は、そのタイプでしょう。

反対に、何かあるとすぐに落ち込み、くよくよ思い悩む人は、ストレスに弱い遺伝子タイプの人、いわゆるメンタルが弱い人となりそうです。そういう人でも、ストレスに強い人になれるのでしょうか？

ＢＤＮＦ（脳由来神経栄養因子）がよく働く脳は、ストレスに対して強く、ストレスに影響されにくい、とわかっています。逆にＢＤＮＦがよく働かない脳は、ストレスに弱く、すぐ影響されてしまいます。

ストレスに強いか弱いかは、ＢＤＮＦが重要なカギになります。しかし、ＢＤＮＦはその人の持つ遺伝子によって働きの強弱が出てしまいます。だから、残念ながらストレスに強いか弱いかは、遺伝的にある程度、決まってくるわけです。

ストレスに強い遺伝子タイプと、先にお話しした開拓力が強い遺伝子タイプは一致します。ストレスを感じないから、どんどん新しいことをやれるんでしょう。さもありなんと納得できる話ですね。

しかし前項でお伝えしたように「運動」がＢＤＮＦの働きに大きく関わってくるのです。運動がストレス解消に効果的なのは、誰もが経験的にわかっているでしょう。

柔道やラグビーに打ち込んでいた私の学生時代の経験からも、小中高校で運動部に入ることを強くおすすめします。年をへて運動不足気味の最近は、「学生時代のほうが断然、頭が冴えていた。当時と比べたら、年が年中ぼーっとしている感じだ」とすら思うほどです……。やっぱり運動が必要で、ＢＤＮＦをガンガン出してボケない対策をしなければ、と実行しはじめています。

ちなみに私は運動することで頭が活発に働くＢＤＮＦの遺伝子タイプを持っていま

した。まさに運動部に入っていた学生時代は正解だったというわけです。

若いころ私は、北は青森から南は沖縄まで15都府県に出向き、「内視鏡一本さらしに巻いて」という感じで診療を続けた経験があります。どこかへ行っててくたくたになるまで仕事をしても、ストレスを感じることがなく、むしろおおいに楽しめました。

もしかしたら、学生時代に運動に打ち込んだことでＢＤＮＦが出まくり頭が冴えて、ストレスにも強い体質になっていたのかもしれません。

「ボケにくい遺伝子」と「ボケやすい遺伝子」があった！

何歳になっても思考力が衰えないで、頭脳明晰でいられたなら……。

長い人生、クオリティ・オブ・ライフ（生活の質）を高く維持するためにはとても大切なことで、万人の願いといえますね。

では、高齢になってからの思考力は、どんなことに左右されるのでしょう?

早寝早起きでいい睡眠をとり、メリハリの利いた生活リズムに切り替えてみる。1日1時間は外出して歩き、知り合いと会えば会話し、木々や花々にも目を留め、脳に新鮮な驚きを与えて刺激する。同好の人と囲碁将棋はじめさまざまな趣味を楽しんでもいいし、地域のカルチャースクールに通ったり、楽器を習ったり、ダンスをしたりするのもいいですね。——こうして脳を働かせれば働かせるほど、思考力は衰えにくいといえます。論理的に頭を使う教育やトレーニングを長く受けた人も、思考力が衰えにくいでしょう。

最近では、こうした要因に加えて、その人が持っている遺伝子タイプと思考力の関連が指摘されるようになりました。

イギリス・エディンバラ大学のグループは、高齢者に対し、遺伝子のパターンと論理テストの関係を研究しました。すると、脳内に出るBDNF(脳由来神経栄養因子)に関係する遺伝子のタイプによって、論理的な思考力を見るスコアに差があることがわかったのです。

研究によると、BDNF遺伝子は、3つのタイプに分かれます。

1つ目のタイプの遺伝型を持つ人は、高齢になってからの論理的な思考が得意ですが、あとの2つのタイプの遺伝型を持つ人は、高齢になってからの論理的な思考が苦手とわかったというのです。

ここでもBDNFが、ものをいっています。BDNF遺伝子はタイプによって「ボケにくい遺伝子」「ボケやすい遺伝子」がある、ともいえるでしょう。

私のBDNF遺伝子タイプを調べると、開拓性がありストレスに強い。しかし加齢により頭が鈍くなりがちではあるけれど、運動をすることで記憶力や判断力がよくなりやすいタイプのようです。最近の遺伝子チェックはすごいです。おじいさんになったらこのようなことが心配になる、だからいまから対策を立てよう！　とまさに予防医学の時代です。

ボケを防ぐ対策の一つとして、心理的に深くリラックスできるヨガ・瞑想・座禅は、脳をリセットして海馬を元気にする、といわれています。新しい趣味、日々の運動に加えて、瞑想系の時間をつくって遺伝子を鍛えたいですね。

具体的な遺伝子の鍛え方は、第4章にてお話しさせていただきます。

ワーキングメモリの衰えやボケに影響する「GRIN2B遺伝子」

こちらで、もう一つ、ボケに関係する遺伝子の話をしておきましょう。

それは、体内でもきわだって目立つ活動をしている興奮性の神経伝達物質「グルタミン酸」の「受容体」（レセプター）をつくる情報を持った遺伝子です。

受容体とは、神経伝達物質・ホルモン・その他いろいろな物質を、選びながら受け取って身体のために使う仕組みがあるタンパク質のこと。細胞内に存在し、さまざまな種類があって、この本にも「○○受容体」が繰り返し出てきます。

たとえれば、アンテナを持っていて、細胞内外に漂っているねらいの物質にくっつき、それをうまく使わせるもの、というようなイメージです。

グルタミン酸は、よく耳にしますね。そう、うまみ調味料の「味の素」です。半世紀前までは、料理だけでなく、つけものに振りかけたりして、食卓のお供のような存在だったのです。なんでもおいしくするだけでなく、「頭がよくなる夢の物質」なんていわれました。

脳のバリアは、ふつう口から入ったグルタミン酸を通さないので、味の素が頭をよくする物質だとしても、食べても食べても効果は出ないはずです。うまみ成分でおいしいから食が進み、あれこれ栄養素を摂ることができ、結果的に脳も含めた身体にプラスということはあっても、頭を直接よくするとは考えにくいでしょう。

アメリカ・ケンタッキー大学の研究グループは、健康な65～86歳の高齢者を対象に、グルタミン酸受容体「GRIN2B遺伝子」にある遺伝子のパターンと「ワーキングメモリ（作業記憶）」の衰えの関係を調べました。

絵を80枚見せ、直後にもう10枚見せて、初めて見る絵を答えてもらうテストから、遺伝子タイプによって、加齢によるワーキングメモリの衰えに違いが出ることがわかったのです。

ワーキングメモリは、何か作業をするとき、決断や行動のために必要な記憶のこと。脳の前頭前野の働きの一つで、私たちの日常の行動や判断と密接に関係しています。

会話や議論では、相手のいうことを一時的に記憶し、相手の主張を整理して理解し、不要な情報をどんどん捨てていき、それで「あなた、さっきこういったけどさあ。じつは……」と自分の言葉を発します。途中で相手が「今日は暑いねえ」といっても、そんなの本題と関係ないから捨てますよね。こういうことを、誰もが無意識にやっているのです。読み書きでも運動でも、料理するときもプラモデルを組み立てるときも、ワーキングメモリを使っています。

歳をとればとるほど、記憶力や判断力が衰えることは、遺伝子を調べるまでもなくみんなが知っています。お年寄りはみんな「若いころできたことが、最近はなかなかできない」と嘆いています。

こうした衰え程度は遺伝子タイプに左右されます。グルタミン酸受容体は、ボケやアルツハイマー型認知症の非常に重要なスイッチです。認知症の方が家族にいると、いつか自分も認知症になるのでは、と心配に思う人がいるかもしれません。歳をとるほどＧＲＩＮ２Ｂ遺伝子が弱りやすいタイプとわかったら、早めの対策をしたいですね。それには、おなじみＢＤＮＦを出す、つまり運動などで神経細胞を刺激することです。最近では瞑想によってもＢＤＮＦが増えることが確認されています。

「勤勉遺伝子」は、本当に働き者の遺伝子だった！

日本人は勤勉だ、とよくいわれますね。今回はその話をしましょう。

これがあると勤勉だ、という「勤勉遺伝子」が見つかっています。あなたが生活面でなまけものだったとしても、じつは脳内は勤勉だということがあるのです。

勤勉遺伝子は、脳の神経細胞を守る「グリア細胞」の調節を担っているのでは、と考えられています。

前にお話ししたように、脳内では神経細胞が巨大なネットワークをつくっています。この神経細胞の隙間を埋めるようにネットワーク回路を支え、神経細胞と毛細血管との間の栄養供給や物質代謝に関与するのがグリア細胞です。その数は、成人で神経細胞1000億個に対して10倍の1兆個以上ともいわれます。

パソコンにたとえると、神経細胞が複雑に張りめぐらされた回路だとすれば、グリア細胞はパソコンの電源や基盤のように神経回路に酸素や栄養を運ぶのを助ける役割、と思えばいいでしょう。

「のろま」といわれたアインシュタインを大天才にしたグリア細胞とは？

ところで、相対性理論を生んだ20世紀の偉大な科学者アインシュタインの脳が、死後どうなったか、ご存じですか？

1955年4月18日未明に亡くなると、朝からトーマス・ハーヴェイという病理学者が検死し、アインシュタインの遺体から脳を取り出しました。重さを測ったら、１２３０グラム。さらに彼は、脳をペンシルバニア大の研究室に運びホルマリン漬けにします。写真を撮って小さく切り分け、切片をスライスして数百枚入りスライド標本12セットを作成。自分が２セット持ち、10セットをおもな病理学者に配りました。

これが80年代以降あれこれ調べられ、グリア細胞がふつうの人の脳の２倍も多いとわかった、といいます。勤勉遺伝子の存在がグリア細胞の働きをよくし、それがアインシュタインの斬新なアイディアにつながったのかもしれません。

成人男性の脳の重さは１３００〜１４００グラムほどですから、アインシュタインの脳は、ちょっと軽めです。それで大天才だったのはなぜだろう、とみんな思っていました。私も不思議でしたが、重さはあまり関係なく、大事なのはグリア細胞だった、ということでしょうか。大きな動物の脳は大きくて重く、ゾウの脳は４キロ、クジラの脳は８キロから９キロあるようですから、重さと賢さは、あまり関係がないのかもしれません。

アインシュタインはしゃべり始めが遅く、言葉が流暢《りゅうちょう》でない子どもでした。日本の中高一貫校に近いギムナジウム時代は「のろま」、大学時代は「なまけものの犬」といわれたそうです。学校のふつうの勉強が得意ではなく、コツコツ学ぶ勤勉な学徒というイメージは薄い人です。

自分が好きなことだけをとことん考え、そのとき脳に電気信号が活発に走りまくってパッとひらめく——そんなタイプの天才で、生活は勤勉ではなく、脳内だけが勤勉だったのかもしれませんね。

「ドM遺伝子」がある人は打たれ強い　ない人は心が折れやすい

２０２２年、プロ野球が開幕してまもない4月10日、ロッテの佐々木朗希投手が28年ぶり、史上最年少で完全試合を達成し、おおいに盛り上がりました。加えて、13者連続奪三振を奪い、64年ぶりにプロ野球記録を更新したのです。

佐々木投手の投球には終始ほれぼれしましたが、試合中はどんな心境なんでしょうか。回が進むにつれ、緊張でガチガチになりそうですね。試合後、完全試合について問われると、「正直あまり意識してなくて、打たれたらそれでいいかなと思っていた」と答え、プレッシャーは感じなかったといいます。なんという強心臓！

いつだったか、こちらはバッターですが、あるプロ野球選手の話を聞いたことがあります。９回裏の二死満塁、ホームランを打てば逆転勝ちという場面。そのバッターは、そういうときがたまらなくて、「ここで一発打って、明日の朝刊１面だ！　そしたら、オレ、ヒーロー！　オレにまで回ってこい」と念じているそうです。

２０２２年サッカーワールドカップ、日本の躍進には感動しました。ベスト８を前に、クロアチアにＰＫ戦で惜敗したのは残念です。そんな試合の勝敗を分けるＰＫ戦。たった一人、ゴール前に立つキーパーの重圧は大変なものでしょう。

日本代表で守護神として活躍したゴールキーパー川口能活《よしかつ》さんは、２００４年のアジアカップ準々決勝でＰＫ戦に臨みます。３人目まで相手にゴールを決められ、４人目からはすべて止めないと日本の敗退が決定する、まさに崖っぷちの場面でした。

そのとき、川口さんの中で、なにかが吹っ切れ、「スイッチ」が入ったそうです。それから4人連続でゴールを許さず、勝利しました。まさに「ゾーンに入った」状態で、スタジアムの音や声も何も聞こえなかったといいます。最大のピンチで持てる力のすべてを出し切る、強い気持ちが導いた結果だったのですね。

もう一人、2006年トリノ冬季五輪のフィギュアスケートで、日本人初の金メダルとなった荒川静香さん。じつは演技の途中に大きなミスがあったそうですが、「まぁ、いいや」と開き直り、次の演技に集中し、華麗なイナバウアーにつながったそうです。こちらも、ピンチへの向かい方が勝利を呼んだのでしょう。

本番にめっぽう強いのが、一流のアスリートに共通した特徴かもしれません。ピンチと思われる場面こそ、ふつうでは考えられない、ものすごいパワーが発揮できるのではないでしょうか。ある意味、本番を楽しめる本番力の持ち主です。

そうしたピンチに強い、ピンチになればなるほど燃える「打たれ強い遺伝子」、わかりやすくいえばマゾ的傾向の強い「ドM遺伝子」が見つかっています。

イギリス・エディンバラ大学の研究グループは、55～79歳の欧米人３３１０人を対象として、遺伝子タイプと性格テストの関連を解析しました。ショックを受けたとき心理的にどう感じるか――その人は打たれ強いかどうかが、遺伝子のタイプとどのくらい関係しているか調べたのです。

その結果、「打たれ強い」「やや打たれ弱い」「打たれ弱い」の３タイプがある、とわかりました。打たれ強いか弱いかは、先ほどのドM遺伝子、あるいは忍耐力があるかどうかですから、「忍耐遺伝子」と呼んでかまわないでしょう。

打たれ強い人は問題を直視し、最悪こうなるかも、でも仕方ない、そのときはそのときだ、と考えて、行動する。それができるのは、自分に自信があり、その問題で自分が重要な役割を果たせる、とわかっているからなんです。まさに、完全試合での佐々木朗希投手の心境だと思います。

打たれ弱い人は、問題のまわりを行ったり来たりするだけで、問題を直視できないのかも。野球でいえば、９回裏二死満塁の場面で「勘弁してよ～、オレまで回ってくるな」と願うバッターのような人でしょう。

打たれ強い遺伝子の人は、何か楽しみにしていることがある。あるいは子どものころ楽しんだことで、いまも楽しめる、という人も多いことがわかっています。子ども時代の本や学生時代のCDが本棚の片隅にある。ふと思い出し、引っ張り出してきて堪能できる。そのとき心配事は忘れています。「神経が図太い」という感じもあります。

対して、打たれ弱い人は、くよくよして不安になったり眠れなくなったり、イライラ機嫌が悪くなることも多い。いつも心配事を考えているが、堂々めぐりで決断できない。自分に自信がない、神経がか細い、ということでしょう。

忍耐については、先ほどのエディンバラ大学の研究において、「TNFRSF21遺伝子」が関係していることがわかりました。この遺伝子が脳の回路を増やす働きがあるかもしれないとしています。その内容は、忍耐力を持つための方法の一つとして、ある種のアミノ酸配列を含むタンパク質を摂ることでTNFRSF21を活性化させる、というものです。

簡単にいうと、私たちが忍耐強くなるために手軽にできることは、多くのアミノ酸をバランスよく摂取することなんですね。たとえば、豆類はおすすめです。豆類には必須《ひっす》アミノ酸を含む20種類のアミノ酸がバランスよく含まれ、しかもしっかり吸収してくれるからです。


話は変わりますが、日本の大ピンチ、明治時代の日露戦争で、無敵のロシアバルチック艦隊を破って未曾有《みぞう》の危機を救った名参謀秋山真之《さねゆき》は、日頃より炒り豆（えんどう豆とそら豆）を、重要な作戦会議中もポケットから取り出し、ボリボリ食べていたそうです。えんどう豆もそら豆も、アミノ酸を豊富にバランスよく含んでいます。

日本の大ピンチを救った究極の名参謀は、つねに良質なアミノ酸を補充してTNFRSF21を活性化させていたのかもしれません。

何でも食べる、多くの食材を摂る、日本で古くからよいとされてきた習慣は、忍耐強さだけでなく、ピンチをチャンスに変えてくれるすばらしい知恵だったようにも思えるのです。

気温17℃以下になると「協調遺伝子」にスイッチが入る？

日本人は、「和」を尊重する国民だといわれていますね。「和」とは仲よくすること、協調性が高いことを意味します。

アメリカ・ボストン大学の研究は、「協調性」の高い低いに関係する「協調遺伝子」があると明らかにしました。協調性が高い、やや高い、低い傾向、の3タイプです。

協調性が高い人は、みんなと仲よくやっていける人だと考えると、私たちの仕事の多くは仲間との共同作業だから、協調性の高さも仕事能力や才能のうちですね。陸上競技の100メートル走は協調性なんて関係ありませんが、400メートル・リレーは協調性がカギです。一人ひとりの身体能力で欧米にかなわない日本がサッカーやラグビーで善戦することがあるのは、やっぱり協調性が高いのでしょう。

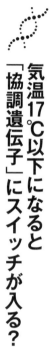

同じくボストン大学の研究で、興味深いことがわかりました。私たちの身体には、温度によってスイッチが入る温度センサー（ＴＲＰＡ１）があります。これは、ワサビの辛み成分でもスイッチが入ります。そのセンサーの遺伝子タイプによって、協調性のある人とない人が分かれました。

「ＴＲＰＡ１遺伝子」のうち協調性の遺伝子タイプを持つ人は、外気温が17℃以下でスイッチが入り、協調性のある行動をとると推測されます。

どうして17℃なのでしょうか？

ヒトなど霊長類ではまだ不明なことや解明されていないことが多いのですが、外気温が17℃からどんどん下がっていくと、古代なら生命の危機につながりかねません。だから、人々は身を寄せ合って体温の低下を防いだのでしょう。勝手にふらふら外に出かけていくような協調性に欠けた行動をすれば死んでしまいます。こうして人体の温度センサーと協調性が連動していったのではないか、と私は考えています。

この遺伝子については、ほかにもおもしろいことがわかっています。詳しくは第3

章（134ページ）でお話ししましょう。

先に紹介したクロニンジャー博士のTCI（24ページ）では、「協調性」は3つある性格のうちの1つでした。ちなみに、残り2つは、「自尊心」「自己超越性」です。性格の診断をするうえで、「協調性」は重要な要素の1つなんですね。

また別の性格分類に「ビッグファイブ」や「性格5因子」というものがあります。これは（経験への）開放性・誠実さ・外向性・協調性・神経質傾向（または神経症傾向）の5つ。およその性格はこの5つの組み合わせで説明できます。やや乱暴にいえば、各項目の強中弱（高中低）を調べれば、すべての人は3×3×3×3×3＝243とおりある性格類型のどれかに入る、という考え方です。ここでも協調性は性格の基本をなす1つとされています。

協調性が高い人がどんな人かを見ていくと、人を信頼する、実直である、喜んで人を助ける、人の頼みを聞く、謙虚である、人に優しいといった傾向が強くあります。

協調遺伝子を持つ人には、そんな人が多いとされています。

協調性の低い人はこの逆で、人を疑ってかかる、悪知恵を働かせてだましがち、人の問題に立ち入りたくない、人の頼みを聞かない、自信家、人に無関心といった傾向が強いといいます。これが協調遺伝子を持たない人です。

たとえば、協調性が高く、みんなとうまくやっていける人は、嘘をつかないけれど、うまくやっていけない人は、嘘をついたりごまかしたりしやすい傾向がみられます。

あたり前の話と思えますが、遺伝子のタイプがそう決めていると聞けば、自分が協調遺伝子を持っているかどうか、なんとなく想像できそうです。

スリルや興奮をほしがる「ギャンブル遺伝子」があった

あなたは、ギャンブルに興味がありますか？

ギャンブルが好きだとしたら、のめり込むタイプでしょうか？

競輪、競馬、パチンコ……ギャンブルと呼ばれるものは世の中にいろいろあります。仕事にだって、ギャンブル（賭博《とばく》・博打《ばくち》・賭《か》け事）の側面があります。たとえば、新しい事業に挑戦するときなんかは、ある種の「ギャンブル」をしているとでもいえるのではないのでしょうか。

「ギャンブル遺伝子」を持っていると、賭け事で大損し人生終わってしまう人もいるでしょうが、一方では仕事で大成功する人がいるかもしれません。

経営の神様と呼ばれる松下幸之助は、〝一か八か？〟のギャンブルに近いことを創業当時にしています。

１９１７年、幸之助は自分の起こした会社において資金は１００円足らず、機械も買えない状況で「ソケット」に注目します。少ない資金繰りで、周囲から「そんなの売れるはずがない」と大逆風のなか、幸之助は賭けに出ます。ある意味、無謀なギャンブルに近いかもしれません。やがて「ソケット」は完成しました。

しかし予想どおり、まったく売れず。資金が底をついても彼はあまりショックを受けていなかったようです。ギャンブラーが大損をしても「次こそは！」という心境だったのかもしれません。周囲は幸之助を心配しました。「この人は大丈夫だろうか」と。

ついに銭湯に行くお金もなくなり、夫人は「お風呂のことは忘れさせる」ように苦心したといわれています。幸之助は大の風呂好きだったのですね。どんな状況でも入浴して気分転換し、幸せを感じていたのかも（入浴が彼の遺伝子を鍛えた？　これは後述します）。

幸之助は深刻になることなく、ソケットの改良に夢中になっていたといいます。なにかこの時点では、ギャンブラー魂あふれる博打師のような気がしてなりません。

さらに何年か後「電池ランプ」を考案したものの、まだロウソクや灯油で灯していた時代、どの問屋にも相手にされませんでした。そこで、幸之助は一世一代の大博打に出ます。なんと勝手に1万個を量産して〝無償で〟問屋に置いて回る作戦を敢行したのです。この無謀な作戦が失敗すれば、会社はつぶれてしまいます。

しかしその後は……いまのパナソニックがあるわけです。幸之助がギャンブル好きかどうかは不明ですが、人生は大ギャンブルそのものだったのではないでしょうか。

でも、ここでお話しするギャンブル遺伝子はギャンブルに「強い」「必ず勝つ」遺伝子ではなく、残念ながらギャンブルに「依存しがちになる」遺伝子のことです。

アメリカ・ミズーリ大学の研究チームによると、遺伝子のタイプによって、ギャンブルにはまりやすいかどうかがわかっています。

それぞれの遺伝子のパターンを持つ人の割合は、はまりやすい順におよそ5%・35%・60%です。20人に1人はギャンブルにとてもはまりやすい。3人に1人はそこそこ。5人に3人ははまりにくい、との結果でした。

ちなみに、日本では成人の3・6%にあたる約320万人がギャンブル依存症とされています。これは、アメリカの研究結果とそう離れた数字ではないですね。


私はといえば、ギャンブル遺伝子を持っておらず、賭け事に興味がわきません。でも、ある競輪場の保健室でアルバイトの医師（待機ドクター）をした経験があります。仕事は落車でケガ人が出たときの対応や、レース直前の競輪選手の健康チェックです。

健康チェックでは「先生、お願いですから休ませてください」と頼み込んでくる選手が結構いました。今日は出たくないからドクターストップをかけてくれ、というのです。チェックしても何の問題もなく、「あなた、めちゃくちゃ元気ですよ。気をつけて、いってらっしゃい」ということが多かったですね。

私がもしギャンブル遺伝子を持っていたら、彼らの体調をうまく利用してギャンブルに勝つ〝悪だくみ〟を考えたかもしれません。ラッキーなことにその遺伝子がなく、まったくギャンブルに興味がなかったので、絶好の立場であったにもかかわらず、甘い誘惑や悪事にはまることはありませんでした。遺伝子に大変感謝しています（笑）。

「やめたくてもやめられない」のは、快楽物質ドーパミンのせいだった！

ギャンブル遺伝子の近くに、グルタミン酸受容体に関係する「ＧＲＩＰ１遺伝子」があります。ＧＲＩＰはタンパク質の一つで、脳の神経細胞などのところでグルタミン酸の働きを調節するもの。そのタンパク質をつくる情報が書き込まれた遺伝子です。

ただ、ギャンブル遺伝子とグルタミン酸受容体に関係する遺伝子が、DNA上の近い場所にあるからといって、互いに影響し合っているかどうかはわかりません。

それにしても、これは「ギャンブル依存などの依存症は、脳内のドーパミンとグルタミン酸のバランスが崩れることで起こる」という説を思い出させます。

赤ちゃんが母親に徹底的に「依存」していても、問題視する人はいません。依存そのものはダメなことではないからです。特定の物質や行為への依存が「やめたくてもやめられない」状態となって、生活や社会活動に支障をきたす場合だけが、いわゆる「依存症」と呼ばれ、治療や支援が必要とされるわけですね。

問題となる依存物質には、アルコール、アヘン（オピオイド）、大麻（カンナビノイド）、鎮静薬や催眠薬（ベンゾジアゼピン）、コカイン、カフェイン、幻覚剤（LSDなど）、煙草（ニコチン）、揮発性溶剤（シンナーなど）、その他の向精神薬といったものがあります。

これらの物質を摂取すると、脳内で〝快楽物質〟とも呼ばれる「ドーパミン」が分泌されます。すると中枢神経が興奮し、快感や喜びにつながります。脳はこの感覚を「報酬」として認識し、報酬を求める回路が脳内につくられていくんですね。

その物質を習慣的に摂取しつづけると、快楽物質はどんどん出つづけます。でも、やがて中枢神経の機能が低下していき、快感や喜びを感じにくくなってしまいます。

にもかかわらず、脳は報酬――以前と同じ快感や喜びの感覚を求めつづけます。満足させるには、物質を身体に入れる頻度や量を増やすしかありません。そのことがますます感覚を麻痺《まひ》させていく悪循環を招きます。いくら摂取しても足りず、焦燥感や不安感にさいなまれる。こうして生活が破綻してしまうのです。

テレビによく出ていたタレントや評論家が、のぞきや痴漢行為を繰り返す事件がありました。その行為が違法で、発覚すれば地位もおカネも失うとわかっているのにやめられないのは、脳内で同じようなことが起こっているのでしょう。

こういうドーパミンの快楽回路に、グルタミン酸受容体が何かしら作用し、コントロールしている、ということがわかってきました。その受容体に関係する遺伝子の一部が人によって違えば、調整が効くかどうかも違ってきます。

神経伝達物質やホルモンとして働くオキシトシンもドーパミン回路に作用しますが、この物質についてはは第2章（62ページ）でお話しします。

ちょっと先の予定を忘れてしまうのは「忘れっぽい遺伝子」のせい？

「忘れっぽい人」って、よくいますね。でも、「うさぎ追いしかの山　小ぶな釣りし……」という子ども時代のことを忘れてしまったわけじゃない。難しい字をよく覚えているし、日本経済を語るうえで必要な数字もすらすら出てきます。

でもなぜか、ひと仕事終わったら誰かに電話する、ちょっとした頼まれ事を夕方までに片付けるなど、やるつもりでいた少し先の予定を忘れやすい、そんな人です。

じつは私の父が、予定をメモしておかないとすぐ忘れてしまうタイプ。「おまえもオレと一緒だ。すぐ忘れるからメモ帳を持っとけ」とよく私にいっていました。

反抗期だったからか、父のアドバイスをあまり聞かなかった私は、実際、予定を忘れて冷や汗をかくことがよくありました。メモするようにしてから、忘れっぽさからくる失敗は減りました。

ちょっと先にやろうと思った記憶を「展望記憶」といいます。そのよしあしに遺伝子タイプが影響するとわかりました。「忘れっぽい遺伝子」というのがあるのですね。

具体的なこともわかっていて、高脂肪食で記憶力が鈍ってしまう遺伝子が発見されています。これはＰＯＬＲ１Ｃという遺伝子で、そのタイプによって高脂肪食と記憶力に関連があるとされています。ちなみに私は、高脂肪食でも頭が鈍らないタイプでした。

最近、この忘れっぽい遺伝子がうまく働かないと、脳の発達に影響することがわかってきました。これはＣＲＥＢという、神経に働く遺伝子のタイプで、私は弱いタイプ、つまり〝予定をすぐ忘れてしまう〟ことがわかりました。亡父の忠告はまさに当たっていたのです。

私が実践してきた「忘れやすいので、繰り返す学習に力を入れる勉強スタイルを見出し、高脂肪食でも学習効率は下がらないので気にしない、だから太る（笑）」という効率的学習法は、おおむね間違っていませんでした。肥満回避以外は（笑）。

短期記憶と長期記憶は、脳で記憶している場所が違う

記憶は、覚えている時間の長さで「短期記憶」「長期記憶」に分けられます。

短期は、数秒〜1分程度から数時間。短期記憶は、繰り返し唱える、語呂合わせを考えるなど特別なことをしないかぎり、自動的にどんどん消えていきます。途中で茶々を入れられても飛んでしまう。無意味な数字（の列）をパッと見て覚えられるのは5〜9個（平均7個）くらいとされています。

前にお話ししたワーキングメモリは、短期記憶のうち、情報処理プロセスで使われ

るものをいいます。

ものすごくおもしろくて不思議な話を一つ。短期記憶は〝後ろむきに歩く〟と正確になり、ほかの記憶とごっちゃになったりせずに、よりよく思い出せるというのです。

①ビデオ・写真・単語リストなどを見せ、次に②歩く・その場にいる・後ろむきに歩く、のどれかを2分間させ、③覚えていることを答えさせる——という実験で、いちばん成績がよかったのが、後ろむきに歩いた人たち！

②で歩く代わりに、前進・後退していると感じる映像（たとえば電車の運転士が前方を見る視点のビデオと、車掌が後方を見る視点のビデオ）を見せても、後退する感じのビデオを見た人のほうがよく思い出せました。

短期より長ければ長期で、数時間でも1年でも一生でも、ようするに記憶として固定するのが長期記憶です。記憶（の信号）は、まず脳の海馬に入って情報処理され、さらに大脳皮質に運ばれて蓄えられます。海馬でファイリングされ、必要なファイルだけ大脳皮質という図書館に持ち込まれるイメージですね。海馬に出たり入ったりする回数が多いと、海馬が「図書館に持っていく重要情報だな」と判断するわけです。

　これが、一夜漬けはダメで、記憶が残るうちに復習するとよい、とされる理由です。短時間のアクセスを間隔をあけて繰り返すと効果的でしょう。


　学生時代、私は脳外科の先生からこんな話を教わりました。

　麻酔中に電気メスで脳の奥のほうをバリバリ刺激すると、麻酔からさめた患者さんにとても喜ばれる。それは、手術の出来不出来とはまったく関係がない。患者さんたちはみんな、「幼いころの記憶が走馬灯のようによみがえった。それだけでもよかったです。ありがとうございました」というのだそうです。

　脳の奥を電気ショックで刺激すると、パソコンでいえばハードディスクに保存して忘れられていた圧縮ファイルが解凍（読める状態に処理）されて出てくるようなことが、脳で起こるのかもしれません。ちょっと恐ろしいような、試してみたいような話ですね。こんなことはありえないと否定する方もいますが、実際の医療現場からの患者さんの貴重な証言はとても参考になります。

「金持ち遺伝子」が続々見つかった　頭がよいと金持ちになる？

才能を決めている（かもしれない）遺伝子のラストは「金持ち遺伝子」です。

お金持ちや高所得者には、たまたま宝くじに当たった人もいるでしょうが、多くの人は仕事で高収入を得ています。高学歴で給料の高いビジネスパーソンや高度な専門職も、事業や投資で成功した人も、平均的な人より高い能力を使って地位を築いたはずです。その能力に遺伝的な背景があっても不思議はありませんね。

では、高所得者たちが、そうではない人たちよりも、偶然なんかではなく有意に多く持っている遺伝子は、何だと思いますか？　そのことを30万人近い人びとの遺伝子にしらみつぶしに当たって調べた研究があります。

イギリスで、血液などを保管する「バイオバンク」登録者のうち、世帯収入データがわかる28万6301人を対象に、遺伝子タイプと5つの収入階層（低い・やや低い・ふつう・やや高い・高い）の関係が調べられました。すると、高収入と明らかに関係がある遺伝子のDNA上の位置（遺伝子座）が149か所、特定されました。

高収入と明らかに関係があると特定された149個の遺伝子は、脳内での転写（遺伝子のコピー）の違いや、神経伝達物質GABA・セロトニンなどの働きへの影響をもたらします。フォローアップ研究（追加の研究）の対象に選ばれた遺伝子24個のうち4分の3の18個が、これまで知能に関連するとされていた遺伝子でした。遺伝的な影響が、現代のイギリスで見られる社会経済的な不平等の一部を生じさせています。

「頭がよいと金持ちになる？」――これが研究報告の結論です。

これは、高収入の人は、知能に関する遺伝子、言い換えれば、お金持ちになりうる遺伝子を生まれながらに持っていたということを示しています。しかし、頭がよすぎて大失敗、先が見えすぎて慎重になり大冒険や大きな賭けができない、という話を聞くこともあります。昔は最高学府T大学からは大社長は出ない、とよくいわれたそうですが、はたして昨今の状況はどうでしょうか。

第2章

遺伝子が「性格」を決める?

——個性や人となりを左右する遺伝子とは

遺伝子で性格がわかる?
私は誠実な人間です
勤勉で
努力家
親切で
気配り
満点
生まれてから一度も嘘をついたことがありません!
嘘つき遺伝子が強い性格ですなー
あれ?

幸せホルモンは「愛情遺伝子」からの贈りもの

あなたは、突然、恋に落ちるタイプですか？　誰かに優しくされると、すぐその人を好きになってしまう……そんな惚れっぽい人っていますよね。反対に、人を好きになることなんてあまりないなあ、というちょっとクールな人もいると思います。

第2章では、こうした私たちの人となり・性格・個性などに大きく関係している遺伝子を見ていきます。一言でいえば、「こころ」に関係する遺伝子の話です。

まずは、恋愛や愛情の話題から始めましょう。

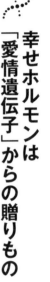

私たちの脳内で出る重要なホルモンの一つに「オキシトシン」があります。アミノ酸9個が連なったタンパク質で、1906年に見つかった歴史の長いホルモンです。

オキシトシンは、お母さんの脳で出ると子宮が収縮して分娩が進みます。赤ちゃんが乳首を吸うときもオキシトシンが出てお乳が出ます。母が子を慈《いつく》しむ行動や子が母を慕う行動にも関わっていて、別名「愛情ホルモン」と呼ばれ、子宮収縮薬や陣痛促進剤などの薬としても広く使われています。

母子の愛情に深く関わり女性特有のものと思われてきたオキシトシンですが、最近の研究によって、性別や年齢にかかわらず生成される、男女の愛情や信頼などにも関係する、愛撫や抱擁によって分泌される、表情を読みとったり信頼関係をつくったりする社会性の獲得に大きく関与する、といったことがわかってきました。

オキシトシンが「幸せホルモン」「信頼ホルモン」「絆ホルモン」と呼ばれる理由については、次のような報告もあります。

- オキシトシンを投与すると、金銭取引における相手への信頼が増した。
- 自閉スペクトラム障害の人に投与すると、社会的コミュニケーション障害の症状が改善した。
- 自閉スペクトラム障害の人や虐待経験のある母親は、その血中濃度が低かった。
- ペットの飼い犬と触れ合うと、人も犬もオキシトシンを分泌する。

アメリカでは、オキシトシンを含むスプレーやボディオイルが、「ストレス解消していい気分！」なんて感じで市販されているそうです。

自閉スペクトラム障害の方は人との関わりが苦手で、好き嫌いが激しく、こだわりが強く、興味や関心が限定的である傾向があります。そのため、偏食だったり、融通がきかなかったり、特定の音や刺激に敏感だったりします。

この報告のように、ホルモンの投与によって変化や改善がみられることは、ホルモンバランスの調整でこうした障害が改善できることを示唆しているでしょう。

以前は「自閉症遺伝子」による生まれつきのものかとも考えられていましたが、後天的な食習慣や運動、エクササイズ、瞑想や趣味、ホルモンバランスの調整などにより、変化し改善していく可能性がみえてきています。

“恋愛力”は「信頼遺伝子」に支配されていた？

グルタミン酸のところでお話ししたように、オキシトシンを受け取って身体のために使う受容体があります。この受容体は人によって異なり、ある人はオキシトシンの働きがよい、別の人はそうでもない、という違いが生じます。受容体の違いは、そもそれを発現させる遺伝子に書き込まれた情報の違いであり、「オキシトシン受容体遺伝子」によるものとされています。

付き合いはじめて3か月までの男女を対象に、恋人とのコミュニケーションと遺伝的な傾向を分析した研究によると、オキシトシン受容体遺伝子のパターンによって、恋愛初期のコミュニケーション力の高さに差が出ることがわかりました。

ちなみに、私は恋愛初期のコミュニケーション力が高い遺伝子を持っています。あくまで最初の段階にかぎれば、これは、すごく当たっている気がします。ところが恋愛プロセスにおける私の課題は、3か月をすぎてからにある(泣)。どうも私の「恋愛遺伝子」は、熱しやすくて冷めやすい働きがあるようです。

最近の研究によると、オキシトシン受容体の遺伝子タイプにより〝あいづち〟などのリアクションに違いが出ることもわかってきました。

〝あいづち〟の反応が遺伝子タイプによって異なり、引いてはコミュニケーションや絆の深まりに関係するとしたら興味深い話です。

みなさんのまわりにもいませんか? やたら〝あいづち〟を打ってくれる人とか、逆に反応がなく「何を考えているかよくわからない」タイプの人とか……。その違いはオキシトシン受容体遺伝子の違いによるものかもしれないのです。

名古屋大学は、日本とカナダの学生約200人ずつを対象に、子ども時代の家庭環境や他者への信頼度をアンケートで調べ、同時にオキシトシン受容体遺伝子のパターンも調査しました。その結果、家庭環境に問題ありと自覚する人ほど、他者への信頼度が低いことがわかりました。信頼しやすいか信頼しにくいかは、オキシトシン受容体遺伝子の差によって変わってくると明らかになったのです。これは「信頼遺伝子」と呼べるかもしれませんね。

日本人は欧米人と比べて他者への信頼度が低い、と示す研究結果は昔から繰り返し報告されていましたが、右の名古屋大の調査も同じ結果でした。

日本人は、よくいえば「慎重」で「身持ちがよい」けれど、悪くいえば「臆病」で「恋愛下手」という傾向にあるかもしれません。こうなると国や地域によって「文化風習が違うと性格や気質も変わる」という常識が、単に遺伝子の違いだけによるものだったのかも？　とまで思ってしまいます。

あきらめるな！　遺伝子は鍛えられる！

福井大学の研究グループとアメリカのエモリー大学医学部との共同研究によると、

不適切な養育や虐待など（残虐な扱いという意味の「マルトリートメント」と呼ばれます）を受けて育った子どもは、同じ年代の一般的な子どもに比べて、オキシトシンの設計図となる遺伝子配列の一部が化学的に〝修飾〟され、オキシトシンの作用の仕方が異なっている可能性がある、とわかりました。

ヒトのDNAは、「DNAメチル化」という変化を起こすことがあります。この変化が起こると、その遺伝子は存在しているのに使えなくなってしまうのです。この変化は細胞分裂でも引き継がれるので、たとえば、「がん抑制遺伝子」がDNAメチル化で働かなくなると、「がん遺伝子」は働きっぱなしになります。わかりやすくいえば、DNAメチル化でその遺伝子が眠ってしまうわけです。

DNAメチル化のように、遺伝子配列そのものは変わらないが、何かの影響で働きが変わることを「遺伝子の修飾」と呼びます。環境に影響された後天的なもので、もとに戻る場合もあります（「可逆性がある」といいます）。

顔（＝遺伝子配列）そのものは変わらないけれど、お化粧（＝遺伝子の修飾）の仕方によってまったく別人に見えることがある。でも、洗い落とせばもとに戻るかもしれない。――そんな感じですね。設計図は同一でも、大工さんが違うと微妙に違う建物ができあがることに似ている、ともいえるでしょう。

遺伝子の修飾は、遺伝子の「働く・働かない」「ＯＮ・ＯＦＦ」を切り替えるスイッチのようなものです。これがみなさんにお伝えしたいポイントで、私は「遺伝子は鍛えられる。積極的に鍛えよう」と、繰り返し申し上げていきます。

「遺伝子の修飾」だけでなく、「ＲＮＡ修飾」や「ヒストン修飾」（ヒストンはＤＮＡを巻き取り、折りたたんで細胞核の中に収めておくタンパク質）というものもあり、遺伝子の働きをきわめて複雑にしています。

不幸にして虐待を受けた子どもたちは、そうした修飾で「オキシトシン遺伝子」の働きが眠るほう→つまり抑えられる方向に変わってしまったといえます。そうとわかったからには、新しい治療法の開発につながる可能性が開けたともいえるでしょう。今後の研究に期待したいですね。

「浮気遺伝子」と「不倫遺伝子」と「貞淑遺伝子」があった

たった1個の遺伝子が、浮気なドンファンを誠実で家庭的な男に変えてくれるかもしれない。――十数年前、世界的に有名な科学雑誌にこんな一節で始まるレポートが載りました。

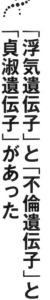

アメリカハタネズミは、特定のメスとつがいをつくらない、いわば乱婚制のネズミです。そのオスに、性行動に関わる重要なホルモン受容体（ＡＶＰ受容体）遺伝子を多めに導入したら、近縁であるプレーリーハタネズミのように強いつがいの結びつきを見せ、一夫一婦制のマイホーム・パパのようなネズミになった。レポートはそんな実験結果を伝えています。

また別の実験では、ＡＶＰ受容体を欠損させたマウスは、ほかの1匹と一緒にいるときふつうに見られる社会的な行動――臭いをかぐ・なめる・触る・追いかける・身体に登るなどが見られなくなる、とわかりました。ふつうならばその先にある性的な行動も当然、まったく見られなかったそうです。

では、ヒトの場合はどうでしょう？　ヒトもＡＶＰ受容体によって、浮気っぽい人や浮気をしない人に分かれるのでしょうか。

オーストラリアの研究によると、ＡＶＰ受容体をつくる遺伝子には複数のパターンがあり、ある型のＡＶＰ遺伝子を持つ人は、人間関係を取り結ぶのが難しく、パートナーに不満を感じがちで不親切ということがわかりました。これは「浮気遺伝子」「離婚遺伝子」「不倫遺伝子」といわれています。一方、そうならない別の型のＡＶＰ遺伝子は「貞淑遺伝子」です。

じつは、この浮気遺伝子・離婚遺伝子・不倫遺伝子と、貞淑遺伝子の人数の割合はだいたい5対5といわれています。ということは、一夫一妻制の結婚に向いていない人が半数いるといえます。だからといって、自分が浮気や不倫を繰り返すのは遺伝子のせいだよね、と開き直るのは早まった考えですよ。

では、浮気遺伝子や不倫遺伝子を持っていると、幸せな結婚ができないのか？　それを眠らせておくことはできないのでしょうか？

できます。そう、「愛情遺伝子」を強くすれば、できるかもしれません。先ほどお話しした、「愛情ホルモン」オキシトシンの助けを借りるのです。〝オキシトシン回路〟は、スキンシップ・音楽・瞑想などで活性化しますから、恋人や配偶者の方と一緒に、ガンガン活性化させましょう。

「心のアクセル」のドーパミンとノルアドレナリン「心のブレーキ」のセロトニン

2020東京オリンピック・パラリンピック誘致が決まったとき、「お・も・て・な・し――おもてなし」という言葉が流行《はや》りました。オリパラは、新型コロナ・パンデミックで1年延期、21年夏に開催されました。結局、海外からお客さんが来られず、十分おもてなしできなかったことは残念です。

おもてなしは、酒食を共にし饗応《きょうおう》（ご馳走）するだけでなく、日本式の細やかな気配りをもってあれこれお世話し、面倒見てあげることですね。これは、日本人の持っている遺伝子に、おおいに関係しているようです。

第1章に登場したクロニンジャー博士は、４つの気質を脳内物質（神経伝達物質）の「セロトニン」「ドーパミン」「ノルアドレナリン」と関連づけています。

アミノ酸の一つトリプトファンから合成される「セロトニン」は、脳内で重要な調節機能を担います。その調節は、体温・摂食行動（食欲）・睡眠・痛み・性行動・攻撃性・情動（心身が動揺するような喜怒哀楽の感情）・学習記憶など、広範囲に及びます。

じつはセロトニンの98％が身体の末梢や血中にあって、血管の収縮・血液の凝固・腸の蠕動《ぜんどう》運動などを調節し、脳にあるのは総量のたった2％です。たった2％でもとても重要な働きをするなんて、いつもつくづく感心し、不思議にも思います。

「ドーパミン」は喜び・快楽、「ノルアドレナリン」は恐怖・驚きなど、神経が高ぶる〝興奮〟の方向に働きます。これらの脳内物質のコントロールが不安定になりバランスが崩れると、攻撃性や不安が高まったり、うつやパニック障害につながったりすることがあります。ドーパミンが代謝してノルアドレナリンができますから、２つはよく似ています。

対してセロトニンは、ドーパミンやノルアドレナリンのコントロールに関わって、神経を落ち着かせ、心身を安定させる〝鎮静〟の方向に働きます。

ドーパミンを「心のアクセル」、セロトニンを「心のブレーキ」にたとえた人がいます。セロトニンは「脳の警察官」という言い方もあります。脳の交通整理をして、ときに暴走族を制止するのですね。

近頃、ある乳酸菌飲料が爆発的なヒットらしく、大人気の理由として「よく眠れる」ことが挙げられるようです。このドリンクによりトリプトファンという物質が腸でつくり出され、セロトニンや安眠を助けるメラトニンの働きを促すことで、よく眠れる、気持ちが落ち着くことにつながると考えられます。トリプトファンは、セロトニンやメラトニンの原材料です。しかし、ここまでの大ヒットには驚きました。

この飲料と今まで販売されている同じシリーズの飲料との大きな差は、菌量だけなのです。腸内には100兆個以上の菌がいるとの報告もあり、一般的な乳酸菌飲料や食品の菌量では、だいたい平均100億個（1本あるいは1食あたり）として1万分の1となり「大海に目薬」なのかもしれません。

今回の大ヒットは、現在の腸活の実態をよく表しているともいえそうです。みなさんが効果をなかなか実感しないときに、ウルトラ商品が出て「よく眠れて効果テキメン」を実感したからではないでしょうか。そのツボは〝菌量400〟ではいまひとつで、少し増えた〝菌量1000〟で反響が大きかったという「乳酸菌の量」にあったのではと考えると、なかなか一筋縄ではいかず奥が深そうですね。

近年の研究により「瞑想」によって血中メラトニンが増えるという報告があります。

重要なのは、血液中での上昇がわかっていても「はたして脳に届くのか？」ということです。大丈夫です。メラトニンは容易に血液脳関門を通過して脳に届きますので、瞑想により増えているメラトニンは脳内で作用していると考えられます。瞑想をおこなうことで安眠が得られたり、その代謝物が学習や記憶増強に関わったり、つまり脳を活性化して「頭が冴える」効果が期待できそうだと医学的に証明されてきています。

日本人の「幸福度ランキング」が低いのも遺伝子のせいだった？

日本人の7割近くの人が、他国と比べてセロトニンの脳内濃度が低いとされていますす。セロトニンも、オキシトシンと同じように「幸せホルモン」といわれていますから、「世界幸福度ランキング」で日本がいつも低い（2022年度は54位）のは、もしかするとセロトニンが関係しているのかもしれません。セロトニンにも遺伝子が関係しています。

「セロトニン・トランスポーター遺伝子」は名前のとおり「セロトニンの運び屋」で、この遺伝子が長いか短いかで、セロトニンの運び方が変わってきます。

この遺伝子が長いタイプは、しっかり仕事をしてくれてセロトニンをうまく効率よく運ぶので、脳内セロトニンが高くなる傾向にあります。これがLL型です。Lはロングの意味です。逆にこの遺伝子が短いタイプは、十分にセロトニンを運べずこぼれてしまい、結局脳内セロトニンが低い傾向となります。これがSS型で、Sはショートです。その中間にSL型があります。

LL型とSS型については、次のようなことが知られています。

・日本人はセロトニン・トランスポーター遺伝子がSS型の人がとても多い。68・2％の日本人がSS型との報告もあり、世界でいちばん比率が高い。
・日本人はLL型の人がとても少ない。ある報告では1・7％。
・日本を除くアジア人もSS型の人が多いが、日本人よりは少ない。
・LL型はヨーロッパ人に多い。
・アメリカ人もLL型の人が多い。

LL型とSS型の違いは、性格や情動面の違いに表れます。SS型の人にはこんな人が多いことが、性格テストからわかっています。

・不安を感じやすい。心配性である。敏感である。

・注意深く慎重である。自分への害を恐れリスクを回避する「損害回避」能力が高い。思いつきで即座に行動に移すことが少ない（衝動性が小さい）。

・物事を悲観的にとらえがち。自分に自信のない人が多い。内気で人見知りの傾向も強い。

いかがですか？　当たってる、と感じた方が多いかもしれませんね。でも、自分がSS型だからといって、がっかりしないでください。エクササイズや瞑想、あるいは食べ物などによってセロトニンが増えたり、脳の働きが遺伝子レベルで変化することがわかってきています。つまり、心配な遺伝子や弱った遺伝子は鍛えられるのです。この具体的な方法については、第4章でお伝えします。

「おもてなし・気配り遺伝子」は「神経質・不安遺伝子」にもなる

いまリストアップしたことは、日本人の7割近くがそんな傾向だろうという話なので、多くの人に当てはまっておかしくないはずです。だから日本人は、細やかな気配りをし、慎重に準備して、世界に類を見ない「おもてなし」をできるんですね。

日本人の多くは、セロトニン・トランスポーター遺伝子ＳＳ型という「おもてなし遺伝子」「気配り遺伝子」を持っているといえるでしょう。「そんな気配り必要ないよ」というＬＬ型の人はほんの少数派、中間タイプのＳＬ型でも3割しかいません。

逆のＬＬ型は、不安を感じにくい、やや鈍感、楽観的で楽天的、チャレンジ精神が旺盛、外向的、やや軽はずみなところもある、というような人たちです。私たちがイメージする典型的なアメリカ人がこのタイプでしょう。

しかし、おもてなし遺伝子は傾向が強まると、「気を回しすぎ遺伝子」の側面が色濃くなります。むしろ「神経質遺伝子」「不安遺伝子」というべきだ、という話にもなってきそうです。ＳＳ型の人はストレスを受けてうつ病を発症するリスクが高く、神経症的な傾向も強いとされており、それは日本人にも欧米人にも共通しています。

どのようなケースであっても、うつ傾向やうつ症状になるには遺伝的要素と環境変化がいずれも関係すると考えられます。遺伝的背景があるところに、環境変化がスイッチを入れる。そのスイッチは、とにかく「変化する」ことが起動の条件で、「変化の向き」はあまり関係ないのでしょう。あるいは、誰でも環境変化でスイッチが入るけれど、遺伝子タイプによって影響の程度が大きく違うのかもしれません。

逆に変化がきっかけでやる気が出たり、プラス思考に変わったり「人生変わった！」となるタイプもあります。変化に対応するためには細胞も刺激に対して応答することが必要で、「変化に強い遺伝子」や「ピンチをチャンスに変える遺伝子」というのもこれから見つかってくるかもしれません。読み進めていくと、どんどんおもしろい遺伝子が出てきますのでお楽しみに！

「幸福度ランキング」が低くても遺伝子は鍛えられる

「世界幸福度ランキング」という指標を、国連の持続可能な開発ソリューションネットワークが毎年3月に発表しています。生活の現状を満足と思うか、と質問していき、1人あたりＧＤＰ・社会支援制度・健康寿命・社会の自由さ、国への信頼度といったデータも加味して出したランキングです。

トップ10の常連は北欧諸国で、おもな先進国はドイツ14位・カナダ15位・アメリカ16位・イギリス17位・フランス20位と、20位までに入っています。ところが日本は、ウズベキスタンとホンジュラスにはさまれた54位です。韓国も59位で目立って低いですね。日本と韓国は経済的には豊かなのに、どうして国民は自分のことをあまり幸せと思っていないのでしょうか？

国境の紛争が絶えないイスラエルは9位、世界的に難民問題が有名なコソボは32位と、とても平和な日本より幸福度が高いのは注目してしまいます。

やっぱり〝遺伝子のせい〟が大きいのでは、と思えてきます。

でも、残念に思ったり、あきらめたりする必要はありません。それぞれに長所短所があります。不安遺伝子はある意味〝現状に満足しない〟ともいえるからです。「このままでいいのか？　まだまだやれるのでは？　落ち着いてしまうと不安だ」と、さらに発展していく可能性を秘めています。

鎖国から明治時代の奇跡的な列強諸国入りや、戦後の焼け野原からの驚くような復興など世界トップレベルの経済大国になった軌跡を鑑《かんが》みると、不安遺伝子↓まだまだやれる遺伝子が発動したのかもしれません。短所を長所に変えることは、これまでの日本人がよくやってきたことではないでしょうか。これからの政情不安、国際緊張が高まっていくなかでも、うまく乗り切ってほしいと思います。

「ビビリ遺伝子」を持っている人が生き残る！

あなたが怖いものは何ですか？　いったん恐怖を感じると、その恐怖が消えやすい人と、恐怖が消えるまで時間がかかって消えにくい人がいるようです。

動物実験や研究から、恐怖感が消える過程で「カンナビノイド受容体１」という物質が重要な役割を果たしていることがわかり、恐怖を引きずる・あまり引きずらないという違いも知られていました。

人間でもそうだろうか、と調べたのが、オランダ・ユトレヒト大学の研究グループです。同グループは、被験者１４２人にバーチャル映像や電気刺激による恐怖を与え、まばたき回数を数えて、恐怖感を持っている時間を測定しました。恐怖を感じるとまばたき回数が増えることを利用した実験です。

結果、カンナビノイド受容体１の産出に関わる「ＣＮＲ１遺伝子」のタイプによって、恐怖感が消えるまでの時間が異なっていました。

恐怖感が消えにくい人は「怖がり遺伝子」「ビビリ遺伝子」を持っている人でしょう。ビビリは弱虫だ、というマイナス・イメージがあります。でも、ビビリは必ずしも悪いことではありません。むしろ生物学的な観点からすれば、「怖い」という感情は、避けるべき事態や敵にいちはやく気づき、すぐ逃げるなり隠れるなり適切に反応し、自分の命を守るとても重要なものなのです。あらゆる動物に生来的に備わっている自己防衛機能といえるでしょう。

コロナが蔓延《まんえん》しはじめ、どんどん不安が広がっていったころ、「正しく怖がる」「正しく恐れる」ことが大事だと、さかんにいわれていたのを思い出しますね。

ちなみに「カンナビノイド」というのは、大麻（マリファナやハシシ）などに含まれる化学物質です。体内でも似たような作用と構造を持つ物質が分泌されており、これは「内因性カンナビノイド」と呼ばれます。これにくっついて働かせるのがカンナビノイド受容体です。

もともと脳では、β《ベータ》－エンドルフィン（モルヒネに似ていますが鎮痛作用が6・5倍もあります）をはじめ、ドーパミン・オキシトシン・エンケファリン・アドレナリン・ノルアドレナリンなど20種類以上の〝脳内麻薬〟が出ています。幸福感や快感を増す、気分を高揚させる、痛みを鎮めるといった効果があって、ストレスや恐怖を消すものが多くあります。

ところが困ったことに、脳に備わった受け皿（受容体）は、外部からの〝脳外麻薬〟も受け入れ可能です。そこで、麻薬に頼る人が増え、依存が起こってしまうのです。

いかにうまくセルフコントロールして脳内麻薬をつくり、外因性の麻薬中毒にならないようにするか、脳内麻薬の研究がますます進んでほしいものです。

また、別の研究によるとビビリ遺伝子らしきものは、「トラウマ遺伝子」として後世に引き継がれるという報告があるので、紹介しましょう。

あるネズミにサクランボの匂いを嗅がせると同時に、尻尾に電気刺激を与えて恐怖を与えました。すると、その孫ネズミは祖父のサクランボの恐怖体験をまったく知らないはずなのに、サクランボの匂いを嗅ぐと怯えて逃避したのです。ふつうはサクランボが大好きなネズミなので、なかなか理解できない行動です。

ビビリ遺伝子のトラウマ現象は、なぜどのように孫まで引き継がれるのでしょうか？　仮説として、精子細胞に含まれるわずかな「ミトコンドリア遺伝子」が孫まで継承され、それが遺伝子修飾に関わり〝遺伝子を眠らせる〟と考えられています。

このように先祖のトラウマが末代まで継承されていくのではないか？　などと考えられていますが、詳しいことはわかっていません。

しかし、あなたが博物館に陳列された鎧《よろい》や日本刀を見て恐怖を感じたならば、もしかすると先祖の遺伝子がよみがえり「怖い！」と発動したのかもしれません。

募金額の多い人は「親切遺伝子」を持っていた

ドイツのボン大学は101人の学生を対象に、ドーパミン代謝に関係する遺伝子のパターンと、他人に対して親切な行動との関連を研究しました。

おもしろい研究で、まず学生にあるトレーニングを受けさせ、謝礼金5ユーロを渡す。次に5ユーロをギャンブルで増やすチャンスを与える。いくら残せるかは本人次第です。最後に途上国の貧しい女の子の写真を見せ、所持金を「全額持ち帰る・一部（割合を選べる）を募金する・全額募金する」のどれにするかを選ばせる。最後の選択は1人だけの部屋でじっくり考えてもらいます。

すると、「カテコール O－メチルトランスフェラーゼ遺伝子」（COMT遺伝子）のパターンで、親切度が低い型（募金額が少ない）と、親切度が高い型（募金額が多い）の人に分かれました。「親切遺伝子」があったわけですね。つまり、この遺伝子の差によって最後のいちばん重要な判断が明らかに分かれたのです。

COMTは神経伝達物質（ドーパミン・アドレナリン・ノルアドレナリン）の働きを抑える酵素です。大雑把《おおざっぱ》にいえば、ドーパミンの代謝がよく、すぐドーパミンが低くなるほうが親切でした。ドーパミンの代謝がそれほどでもなく、高いままのほうが不親切というわけでしょう。ドーパミンは、喜びや快楽など、神経を興奮させる方向に働くものでしたね。

大阪大学の大学院医学系研究科も同じCOMT遺伝子に注目し、こちらは139人の性格検査と遺伝子のパターンの関連を研究しました。

すると、親切度の低い人は心配しがちで痛みやストレスに弱いが、損害回避能力はある。つまり薄情な性格で心配しいなので、いざというときにみんなを放って〝三十六計逃げるにしかず〟と逃げたもん勝ちの性格ということです。

逆に親切度の高い人は、楽観的で痛みやストレスに強いが、損害回避能力は低い、との結果でした。つまり「人がよすぎて気丈だが、ついついだまされてしまう」。

こうした性格が親切遺伝子によって左右されているかもしれません。

正直者で人がよすぎると商売に失敗する、と聞いたことがあります。もしかしたらこの遺伝子が関係しているのでは？「商売遺伝子」と呼んでいいかもしれませんね。

私は損害回避能力が低いタイプの遺伝子、つまりヒトがよいのか、バカ正直でついついだまされてしまう（笑）。これはまさに当たっています。

亡父は、私がまだ小さいころから「お前はだまされやすいし変に正直なので、商売人には絶対に向かない。まじめにきちんと勉強して大学の先生でもめざしなさい」とよくいっていました。いま考えると、その忠告が結果的に遺伝子レベルでぴたりと当たっていたわけです。亡父には、いまでも大感謝しています。

「誠実遺伝子」を持っているのは日本人でも４人に１人だけ

「誠実な人柄に惹かれました」

結婚式などで、一度はこんなセリフを耳にしたことがあるでしょう。「誠実さ」は生活を共にする人の性格として、かなり上位にランクされると思います。

「誠実」は「親切」とちょっと違います。重い荷物を抱えて難儀しているお客さんを店員が手助けすれば「親切な対応」となります。でも、クレームをつけてきたお客さんに対しては「誠実な対応」が必要で、親切な対応とはいいません。誠実は、まじめで真心がこもっていることですね。前にお話しした「ビッグファイブ」（46ページ）は、「誠実さ」を性格5因子の1つとしています。

誠実さは、性格テストでは、自己効力感・秩序性・良心性・達成追求・自己鍛錬・慎重さの6項目で測ります。秩序性なら、たとえば「自分はルールに則《のっと》って計画的に物事を進めるのが好き」「ルールを決めるヒマがあったら作業を始めて少しでも前進すべき」といった設問に〇×で答えてもらい、秩序性を重んじる人かどうかを判定します。ほかの5項目でも質問を重ねて、スコアを出します。

オランダ・アムステルダム自由大学の研究グループは、この性格テストをアメリカとオーストラリアのヨーロッパ系を含むヨーロッパ人1万7375人に実施し、遺伝子との関連を分析しました。すると、KATNAL2という遺伝子のパターンで、もっとも誠実な型、不誠実な型、中間の型に分かれ、誠実さが異なるとわかったのです。

「ＫＡＴＮＡＬ２遺伝子」は「誠実遺伝子」というわけです。

日本人は中間型が半分、誠実型と不誠実型が４分の１ずつというデータもあるようです。誠実な日本人は４人に１人しかいない？　そんなバカなというべきか、そんなものなのか……。日本人には誠実な人がもっといるはず、と感じます。

ＫＡＴＮＡＬ２遺伝子は、カエルの脳が発達するうえで重要な遺伝子であることがわかっています。詳しくはわかっていませんが、ヒトでも脳の発達と成長、働きに関係していると考えられます。脳の回路が形成されるときに、性格もできあがっていくと想定されるでしょう。

脳の回路と性格については、ＡＩ（人工知能）でも注目されています。

最先端の情報として、ＡＩによる車の自動運転がそろそろ実現可能になってきました。ＡＩの思考回路をつくるうえで〝親切な運転〟〝のろのろのんびり運転〟〝最高速度を優先したせっかち運転〟といった性格のＡＩを誕生させることが可能だそうです。つまり、思考回路をどう構築するかで、ＡＩの性格までつくってしまう時代がやってくるようです。

誠実な人は音楽好き？ 音楽を聴けば遺伝子が鍛えられる

誠実といえば、「誠実な人はよく音楽を聴く」ということが、前述の性格テストなどの結果やアンケート調査の動向からわかっています。

私は誠実遺伝子を持っていないタイプでした。つまり計画性がなく、ダラダラと自分に甘く、何かを成し遂げる意欲に乏しく、頑張らない、まさに当たっていました。

しかし受験勉強をしていたころ、オーケストラ部にいた親友から「クラシック聴けよ」といわれたことがあります。

それまでまったく聴いたことがありませんでしたが、彼がくれたクラシック全集でベートーヴェンやブラームスを聴くうちだんだん音楽好きになり、成績もよくなっていきました。まさに〝やる気スイッチ〟ならぬ、弱かった誠実遺伝子が活性化したのでは？　と考えています。音楽がよい環境を整え、気分をよくしてくれて、成長や健康にプラスに働いたことは間違いないでしょう。いま思えば、音楽が自分の遺伝子を鍛えてくれたような感じです。

ケンブリッジ大の自閉症研究センター名誉研究員で、イスラエル・バルイラン大学のグリーンバーグ博士が率いる研究チームは、インターネットを使い6大陸50か国以上から35万人の参加者を得て、音楽の好みと性格の関連を調べました。すると性格の「外向性」と現代音楽、「誠実性」と気取らない音楽、「協調性」と豊潤で気取らない音楽、「開放性」と豊潤で現代的で洗練された音楽が、それぞれ相関関係にありました。すると「神経症傾向」の人は、気分を反映して悲しい音楽を好むか、逆に気分を変えるために明るい音楽を好むか、どちらかだろうと予想していたら、どちらでもなく、強烈な音楽を好むとわかったといいます。

おもしろいのは、以上の傾向が世界各地で共通だったことでしょう。アメリカで誠実な人とアフリカで誠実な人は、どちらも同じような音楽を好みます。まさに「音楽に言葉はいらない」結果でした。参加者が聴いたのはすべて西洋音楽でしたので、日本の民謡のようなものを聴かせたらどんな結果が出るか、知りたいものです。

遺伝子と音楽の好みの研究は始まったばかりで、具体的にこの遺伝子はクラシック関係遺伝子とか、ロック関係遺伝子とかが見つかったわけではありません。

ただ性差により音楽の好みは分かれる傾向にあり、女性は男性に比べ音楽への好みが強いようです。また、男性は女性よりもジャズやロックを好むけれど、女性は男性よりクラシックを好む傾向にあること、さらに、男性はジャズやロック、レゲエやヘビー・メタルを好むのに対し、女性はオペラやポップス、カントリーや宗教音楽を好むことなどがすでに報告されています。

具体的な「オペラ遺伝子」や「ヘビメタ遺伝子」が性染色体（X染色体、Y染色体）上に見つかってくるかもしれませんね。

「嘘つき遺伝子」は存在するのかしないのか？

うちの子は、よく嘘《うそ》をつくようだ。もしかして「嘘つき遺伝子」というのがあって、一生そうなのかしら？　そんな心配が頭をよぎった方は、いませんか。

子どもの嘘は、まず心配いりません。小さい子、とくに幼児の嘘の多くは大人の嘘とは違うもの。単なる思い違い（誤認）、記憶違い、思い出し違い、現実と空想の混同、以上を含む無邪気なつくり話などだからです。

では、大人の嘘はどうでしょう。協調遺伝子で協調性の低いタイプの人は、嘘をついたりごまかしたりしやすい傾向がありそうです（47ページ）。

「反社会性パーソナリティ障害」は、社会規範や道徳に反することを、良心の呵責《かしゃく》（とがめて責めること）もなく、自分のやりたいようにやる人たち、つまり「サイコパス」

も、これに近い人びとです。

患者に特徴的なのは、法律の軽視や無視、嘘や偽名や詐欺行為、無計画で衝動的な行動、けんかに見られる攻撃性、自他の安全軽視や無視、勝手に仕事を辞めたり借金を返さなかったりといった無責任、反省や後悔の念がないこと——などなど。アメリカでは、こうした行動基準により18歳以上の人に診断を出すことになっています。

この反社会性パーソナリティ障害の発生には、遺伝（たとえば脳内のセロトニン・トランスポーター）と環境（たとえば幼児期の虐待体験）が両方影響するとされています。その結果よく見られる行動に、繰り返し嘘をつく、だます、偽名を使うなど、嘘に関係するものがあります。ならば、嘘も遺伝するのだろうか、という疑問がわきますね。

ところが、パーソナリティ障害そのものに遺伝が関与していても、行動や症状はある環境に置かれた状況で、自然にあるいは勝手に起こしたものです。おカネがほしい、セックスがしたいといったその場の欲求を満たすために、でまかせで嘘をついたり暴力を振るったりするわけです。ここでも脳を制御する遺伝子、つまり抑制性神経細胞という「欲求を抑える」遺伝子が働いている可能性があります。

ただ、嘘つき遺伝子と確定したものは、ありそうでなかなか見つかっていません。

なぜなら〝嘘をつく〟というのが、動物や植物においては非常に奥深いもので、種族保存のための重要な生存戦略かもしれないとわかってきたからです。

嘘つきは人間だけじゃない　嘘は生物の〝生存戦略〟の一つだ

サイコパスは知的な印象を与えることが少なからずある、といいます。架空の人ですが、映画『羊たちの沈黙』に出てくる連続殺人犯レクター博士のような人物ですね。

また、バレないように話のつじつまを合わせなければならず、ついた嘘を覚えておく必要もあるから、ある程度賢い人でないと嘘はつけない、なんて話も聞きます。

だから嘘をつくのは人間だけか、と思ったら、そんなこともないようです。

たとえば、縄張り争いで、はったりをかます魚やエビがいます。鳴き真似をして相手をだまし、餌を奪ったり運ばせたりする鳥がいます。よくテレビでおもしろ動物映像が流れますが、部屋を散らかしながら知らんぷりを決め込む犬がいます。「敵だ！」と嘘を騒ぎたて、仲間をだまして餌を独り占めする猿もいます。

虫の世界でも、はねにある目玉模様がフクロウの目にそっくりの蝶がいます。蝶に近づいた小鳥は、開いたはねにある2つの目玉に驚いて、逃げていくことがわかっています。嘘の顔を持って、敵を追い払っているのですね。枯れ葉を模したカマキリの擬態だって、体を張った一種の嘘でしょう。

動物というのは、生きるための〝生存戦略〟として、嘘をつくようにできているのだ、と思えるほどです。

さらに植物だって嘘をつきます。動物をだまして捕食してしまうウツボカズラやハエトリソウなどの食虫植物が有名ですね。

考えてみれば私たちは、病的な嘘や犯罪につながる嘘はつかなくても、生活の〝潤滑油〟のような嘘は、けっこうよくついていています。「嘘も方便」です。

見方によっては、絵本作家も小説家も上手な嘘つきといえますね。ドラマも映画も嘘といえば嘘でしょう。もっといえば、神話も嘘？　昔話も嘘？　宗教はどうでしょう？　〝そうあってほしい、それが理想です〟という願望なのかもしれません。

でも、人間は嘘の物語を必要としているのではないでしょうか。物語は想像力を広げてくれます。つらいときも、物語によって心が救われることもあります。

「事実は小説より奇なり」ということわざがある一方、事実を伝えようとするノンフィクションより、フィクションやファンタジーのほうが、よほど人間の真実を浮き彫りにしておもしろい、ということが必ずあります。

英雄物語は、古代ギリシャやローマ時代のものや、ヨーロッパ中世の騎士道物語が有名ですが、あらゆる文明にあって綿々と伝えられてきたのです。

その伝統は「スペースオペラ」と呼ばれるSF宇宙活劇にも続いています。映画『スター・ウォーズ』は、両親のいない若者がヒーローとして立ち、悪いやつらを蹴散らして囚われの美女を助け出す、非常に古いパターンの物語ですね。「貴《き》種《しゅ》流《りゅう》離《り》譚《たん》」の一つでもあります。人類が大好きで何百年何千年と感動しつづけた物語なのです。
嘘つき遺伝子は存在しないかもしれませんが、人類が、あるパターンの物語に国も時代も超えて感動しつづけるのは、何らかの遺伝子の仕業かもと思っています。

困ったことに最近では、コロナの感染やワクチンについて〝事実より物語を信じてしまう〟方々が少なからずいるようで、いくら事実や真実をデータに基づいて説明しても、あっさり「コロナはかぜだ、ワクチンを打つと死んでしまう」という物語を信じて、その物語をSNSで拡散してしまう現象が起こっています。もしかしたら「物語遺伝子」のようなものが存在するのかもしれませんね。今後の研究に注目です。

犯罪者には「犯罪遺伝子」があるのか?

犯罪を犯した親の子どもは犯罪者になるのでしょうか? そんなことはないと、私たちは知っています。では、犯罪に関わる遺伝子は存在しないのでしょうか？

「犯罪遺伝子」は世界中で研究が進んでいます。犯罪者のＤＮＡを強制的に採取して調べ、犯罪遺伝子を探そうと試みているところもあります。

暴力犯罪と非暴力犯罪で服役するフィンランド人受刑者の遺伝子を調べた研究では「ＭＡＯ－Ａ」と「ＣＤＨ13」という2つの遺伝子が、きわめて暴力的な犯罪者の行動様式と関連していることがわかりました。


ＭＡＯ－Ａは、モノアミン酸化酵素のＡタイプのこと。モノアミンと呼ばれる神経伝達物質（もうおなじみのセロトニン・ノルアドレナリン・アドレナリン・ヒスタミン・ドーパミンなど）を酸化させる酵素で、この遺伝子が強いか弱いかで脳内ホルモンのバランスが変わってきます。

ＭＡＯが強すぎても弱すぎても、多くの精神疾患や神経疾患を引き起こし、統合失調症、うつ病、注意欠陥・多動性障害（ＡＤＨＤ）、薬物障害などに関係しています。たとえばＭＡＯの働きを抑える薬はうつ病治療に処方されています。

このＭＡＯ－Ａの情報が書き込まれた遺伝子にパターンがあり、ＭＡＯ－Ａの働きが弱い型が暴力的な集団に顕著に見られ、有意な関係がありました。これは攻撃性に関係するドーパミンが分解されにくい、つまり強く働いてしまった可能性があります。

ＣＤＨ13は「カドヘリン」と呼ばれるタンパク質の一種で、カルシウムの助けを借りて細胞同士を接着する働きがあります。カドヘリンは、神経細胞の成長や神経回路の発達など、脳の発育や働きに大きな影響を及ぼすと考えられます。またＣＤＨ13は脳の働きのなかでも性格に関して〝衝動性〟に関係があるともいわれています。

殺人や過失致死、複数の有罪判決など、とくに暴力的な集団では、ＣＤＨ13遺伝子のタイプに強い関連が発見されました。

そのような意味では、ＭＡＯ－Ａ遺伝子もＣＤＨ13遺伝子も、犯罪遺伝子と呼べそうです。しかし、同じパターンの組み合わせを持つ人には、非暴力的な犯罪者がいたり、逆に膨大な数の「犯罪を起こさない」人がいたりします。同様に暴力的な集団のなかに、問題となる変異型をまったく持たない人もいます。

フィンランド人受刑者の調査では、結果に男女差がなく、とくに幼少期の虐待経験とも関係がなかったとされ、これは従来の見方と異なる結果です。このように犯罪の遺伝子に関する研究には相反する論文もあり、一定の見解には至っていません。犯罪に関係する遺伝子がほかに多数あるかもしれず、それらが複雑にからみあって犯罪に至るのかもしれず、まだ、断定的なことはいえないようです。

「いじめっ子」「いじめられっ子」と遺伝がどう関係しているのか、「いじめ遺伝子」「いじめられ遺伝子」があるのかも、気になりますね。

一卵性双生児の研究では、幼いうちは、片方がいじめっ子ならもう片方も、片方がいじめられっ子ならもう片方もという相関が、とくにいじめられっ子に見られるようです。しかし、大きくなるにつれて環境の影響が強くなっていきます。

いじめには協調遺伝子も関係しているでしょう。オキシトシン回路が暴走し、「かわいさ余って憎さ百倍」のようなことが起こる、という脳科学者の意見もあります。

いじめ遺伝子と呼べるものは見つかっていない、が正解でしょう。しかし〝いじめ〟

には、オキシトシン回路が関係している可能性があり、オキシトシン自体やオキシトシン受容体の遺伝子のなかに、いじめ遺伝子が発見されるかもしれません。また不安の強い日本人が、自分の不安を晴らすため他者に向けて発散することが、いじめ行動に発展するとも考えられ、不安遺伝子なども影響するかもしれません。

性格は千差万別です。性格に関係がありそうな遺伝子の話は尽きません。今後、さらにいろいろな遺伝子が発見されてくるでしょう。

ただし、はっきりしているのは犯罪遺伝子というものはない、ということです。

第3章

遺伝子が「健康」を決める？

——病気に強い身体をつくり、健康や長寿をもたらす遺伝子とは

酒飲み遺伝子

私はお酒を飲むと
楽しくなっちゃうんです！
「甘えん坊遺伝子」が出てイケメンにベタベタしちゃう～
「夜ふかし遺伝子」で朝まで飲むよ～！
帰ろ
ただのアル中ですなー

空腹で活性化する「長生き遺伝子」が見つかった

「ご家族や親戚に同じ病気の人はいませんか」

受診時に、医師から聞かれたことがあるかもしれません。人間ドックの事前問診票にもこの項目は必ずありますね。遺伝子が健康に関係していることは、才能や性格よりも納得しやすい話でしょう。病気の原因となって健康を害する遺伝子もあり、がん遺伝子などが知られています。この章では、そんな遺伝子を見ていきます。

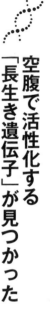

一卵性双生児の一方が長寿なら他方も長寿。100歳を超える長寿の人がいる家系はいない家系より80~90歳に到達する人の割合が高い。——この種の研究が世界中にたくさんあります。長寿は、遺伝と間違いなく密接に関係しています。

長生きしている人と長生きではなかった人の遺伝子を比べる研究から、多くの「長寿遺伝子」「長生き遺伝子」「抗老化遺伝子」が見つかっています。

その一つが「FOXO3A遺伝子」です。FOXOはDNAのある部分にくっつく「転写因子」と呼ばれるタンパク質グループです。DNAの情報をRNAに転写するプロセス（233ページ）を促進または抑制する働きがあります。

まずハワイ在住日系人の調査から、FOXO3A遺伝子のうち、ある型の人は心血管疾患の死亡率が低いと判明しました。これをきっかけに研究が進み、ハワイとは無関係の日本人も長生き、ドイツ人でも長生きと、どんどんわかっていきました。

転写因子は、DNAの情報をもとにタンパク質をつくるプロセスに関与し、さまざまなメンテナンスやコントロールをします。いわば〝中間管理職〟のような存在で、DNAという本社役員でも、タンパク質という一般社員でもなく、この中間管理職が重要らしいのです。これが飢餓や空腹で活性化されるといいます。

ほかの生物でも長寿についての研究があるので、紹介しましょう。

線虫は、長さ0・数ミリから数メートルに達するものまで非常に多種多様な糸または筒状の生物で、回虫や蟯虫《ぎょうちゅう》もその仲間です。線虫では長寿に関連する遺伝子「daf16遺伝子」が見つかっています。これはインスリンのシグナルに関係する遺伝子。インスリンといえば血糖が思い浮かぶかもしれません。糖はエネルギーに関係するので、このシグナルはエネルギー代謝に関わります。エネルギー効率も長寿に関係しているといえるのでしょう。一般的には「低燃費」が長生きに関与しそうです。

日本人が2016年にノーベル生理学・医学賞を受賞した「オートファジー」という現象があります。これも長寿に関係ありそうなのです。

細胞は「オートファジー」(もとは「自分を食べる」の意味)といって、過剰または不要なタンパク質の分解やリサイクルをしたり、侵入した病原体を排除したりする浄化機能を持っています。空腹や断食により遺伝子レベル(オートファジー関連遺伝子群)にスイッチが入りオートファジー効果を高めます。いま、「16時間断食」「オートファジー・ダイエット」などが話題になっていますね。〝オートファジー=細胞のおそうじ浄化機能〟がアンチエイジングと健康長寿のカギとして注目されています。

このオートファジー関連遺伝子群には、タンパク質の分解に関わる遺伝子（ユビキチン様遺伝子）や油の分解に関わる遺伝子（リパーゼ様遺伝子）が含まれており、これらのなかにも長寿遺伝子が見つかってくるかもしれません。

なぜ、日本は世界一の長寿国になったのか？

ハワイでは、1965年から「NI-HON-SAN Study」という研究が始まりました。日本人・ホノルルの日系人・サンフランシスコの日系人を対象に、心血管疾患、加齢による病気、死亡率などを観察した日米共同研究です。

たとえば、心疾患患者はサンフランシスコが日本の3倍（ハワイは中間）、日本は肥満が格段に少ない、背が低いほうが長生き、血圧は3か所ともほぼ同じなど、さまざまな知見が得られています。ようするに、後天的な生活環境によって病気にかかる割合が異なり、食事をはじめ生活の欧米化で肥満や糖尿病が増えた。――そんな証拠が、たくさん集まりました。

同じことが日本列島でもいえます。日本人の遺伝子は、１００年も75年前も現在も、あまり変わっていないはずですね。同じ日本人同士が結婚や出産を2〜3世代重ねただけだから、全体としての遺伝子の組み合わせは大きく変わりようがないでしょう。もっといえば江戸時代からそのはずです。ところが、戦前や終戦直後には乳がん・すい臓がん・糖尿病といった病気がほとんどありませんでした。それが、いまなぜこうも増えたのでしょうか。これが不思議といえば不思議です。

年間37万〜38万人が亡くなるがんは、40年ほど連続で日本人死因のトップです。年間死者約１４０万人の27％前後が、がんで亡くなっています。

戦前は糖尿病が非常にまれな疾患だったため大学に研究室ができ、私が出た京都府立医大には約１００年前に糖尿病研究室ができていたようです。いまは国民病になったからか、どこにでも研究室があり、サンプルが多すぎてかえって大変ではないでしょうか。

日本は、戦前戦後で食事や飲み物をはじめライフスタイルや生活習慣が激変し、かかる病気のタイプが大きく変わりました。さまざまな環境の変化がスイッチとなって寝ていた遺伝子が起きたのかもしれません。逆に、スイッチを入れ直せば、病気は避けられるのかもしれないですね。

なんだかんだいいながら、日本は世界一の長寿国です。１億２５００万人を研究対象として、病気や長寿の〝引き金探し〟ができる「巨大な実験場」なのです。

最近、世界最高峰といわれる科学誌「ＣＥＬＬ」に、「世界の長寿研究」について121研究の総まとめが発表され、大きな反響がありました。

私もある雑誌にその論文の解説を書きましたが、世界5大ブルーゾーンともいわれる長寿エリア（近年、大幅にランキングを落としていますが、沖縄も含まれています）におけるカギは、その地域のライフスタイル、なかでも食習慣が重要なようです。毎日食べる栄養素やミネラル、ビタミンが、細胞内でいろいろな遺伝子を活性化させたり、逆に眠らせたりして、長寿プログラムが起動するのではないか、と私は想定しています。

女性のほうが長生きなのは、遺伝子の出口が違うから？

長寿といえば、だいたい女性のほうが男性より長寿です。男が外で身を粉にして働くからだという説明は当てになりません。男女とも身を粉にして働いていますよね。

ヒトは細胞の中に男女の性別を決める「性染色体」が2本あり、男性はX染色体とY染色体を1本ずつ、女性はX染色体を2本持っています（全部で46本は男女同じ）。子どもは父親からXまたはY染色体のどちらかを、母親から必ずX染色体を引き継ぐから、XYまたはXXとなります――つまり、男の子または女の子が生まれます。

遺伝子にちょっと問題があるという場合でも、スペアを持っている女性は、基本的に男性より強い。そんなふうにできているのです。ヒトの基本形は女性で、むしろ女性から派生または分化したのが男性です。

筋肉量に関係する男性ホルモンは、免疫機能を阻害するという話があります。これは昔から「プロレスラーは、かぜを引きやすい」といわれていることと見事に符合します。男性ホルモンは寿命には関係ないか、むしろ短くしてしまいます。逆にエストロゲンという女性ホルモンは長生きに関係しています。

男女とも遺伝子に同じパターンがあり〝入口〟は同じです。でも、性染色体が関係するのか、男性ホルモンや女性ホルモンのせいか、またはほかの遺伝子と連動しているのか、よくわかりませんが、男女によってブラックボックスの〝出口〟が違うことは確からしいです。男女が異なることは間違いありませんが、まだまだ謎が多く、神秘のベールに包まれています。

極端に長生きする奇妙な動物がいます。アフリカのサバンナに地下トンネルを掘って暮らすハダカデバネズミは、めちゃくちゃ長生きで30年くらい生きる。トンネル内はつねに30℃前後の快適な環境で、体毛はなく、目も見えない。子を生むのは女王ネズミだけ。アリやハチのような社会性を持つ、謎の生き物です。

一般に大きい動物ほど長生きで、ゾウの寿命は70～80年、シロナガスクジラは100年以上ともいわれます。対して小さい動物は短命で、ネズミの寿命は小さいハツカネズミが1年、クマネズミ（イエネズミ）が1～2年、やや大きいドブネズミが3年くらい。ハムスターも2～3年しか生きません。

そこでハダカデバネズミの遺伝子がさかんに研究されていますが、長寿の〝劇的な理由〟は解明されていません。代謝が遅い、老化が遅い、がんや低酸素状態への耐性が強い、酸性の刺激物に痛みを感じにくいなど、当たり前と思える地味なことはわかってきています。長寿とは、ある大きな原因ではなく、地味な要因の積み重ねで初めて実現できることなのかもしれません。

「時計遺伝子」が24時間周期の「サーカディアン・リズム」をつくっている

2017年のノーベル生理学・医学賞は「時計遺伝子」を発見した3人の学者が受

賞しました。

生物が「体内時計」らしきものを持つことは、夜になると植物が光の変化と関係なく葉を閉じるといった観察によって、１００年近く前から予想されていました。１９７０年代には、12時間ごとに寝たり起きたりを繰り返すショウジョウバエに、19時間や28時間と半端な周期を持つものや、まったくデタラメな時間に寝起きするものが発見され、突然変異を研究した結果、サーカディアン・リズム（概日《がいじつ》リズム、24時間リズム）に関係する遺伝子が絞られていきました。この遺伝子を最終的に特定した3人がノーベル賞をもらったのです。

見つかった1つは「ｐｅｒ遺伝子」（名前の由来はピリオド）、もう1つは「ｔｉｍ遺伝子」（同じくタイムレス）。それぞれがつくるタンパク質が複合体を形成し、ＤＮＡのある部分にくっつく「転写因子」として、遺伝子の働きをコントロールします。このことで体内に24時間のリズムが生まれるとわかりました。

ショウジョウバエで見つかった時計遺伝子は、ほかのさまざまな動植物でも発見され、原始的な生物や昆虫でも発見され（ただし持っていない生物もいる）、これ以外の時計遺伝子も多数発見されています。遺伝子の変異や型で生活リズムやパターンが変わってしまうとは、じつに興味深い話です。

ヒトのサーカディアン・リズムは、朝から夕方まで起きて活動し夜は寝る、というだけではありません。朝は血圧や心拍数が上昇。昼は血中ヘモグロビン濃度が最大に。夕方~夜には体温が下降し、尿が多くなる。真夜中に免疫に働くヘルパーT細胞の数が増えて成長ホルモンも出る——といった周期があります。昔から「寝る子は育つ」といわれたことが、遺伝子や転写因子の働きによって裏づけられています。

これは今後の研究課題ですが、協調遺伝子や報酬依存遺伝子に、どうやら時計遺伝子が関係しています。みんなと同じように時間を刻んで生活する協調性のあるタイプがいる一方、まわりと違う行動やスケジュールを組んで、みんなができない意外な方法で報酬を得ようとするタイプもいます。これらも遺伝子により気質や性格が分かれてくる一例かもしれません。奇抜で破天荒な人間が事業に成功する話はよくありますが大失敗することもありますが（笑）。

夜型人間は「夜ふかし遺伝子」を持っていた！

昼間はいまいち調子が出ないけど、日が落ちて暗くなると、がぜん元気が出てくるという方はいませんか。時計遺伝子のタイプによっては「夜ふかし遺伝子」といえるものがあり、持っている人が〝夜型〟人間になりやすいこともわかってきました。

時計遺伝子の一つ「hＣｌｏｃｋ遺伝子」の、あるタイプと夜ふかし傾向が関連しているという研究報告があります。これは白人を対象にしたもので、報告から数年後、別の人種（人種は非公開）で調べたら同じタイプでも夜ふかし傾向には関連がない、と結論づけられました。

そこで「日本人ではどうなっているのだろう？」と調べたのが秋田大学の研究グループです。この研究によると、hＣｌｏｃｋ遺伝子に存在する3とおりの型のうち、ある型の日本人は夜ふかししやすい傾向があるとわかりました。

同じ遺伝子を調べた兵庫大学の研究グループは、夜ふかししやすい型の人ほど朝起きたあとの時間に胃の動きがよくない傾向がある、と報告しています。日本人の場合は、夜ふかし遺伝子を持たない人が朝型タイプで、朝から食欲がある。夜ふかし遺伝子を持つ人が夜型タイプで、朝は胃の動きがいまひとつで、食欲がわかないというのです。私たちの経験からも、確かに……と思える結果ですね。

調べると、私は夜ふかし遺伝子を持つ夜型です。小学生のころからそうで、夜型はダメと先生によく注意されました。夜に強く、若いころ内科の夜間当直があまり苦にならなかったのはラッキーでしたね。夜に弱い人で、深夜にしょっちゅう患者さんが来ていたら体調を崩してしまい、内科をあきらめて眼科や耳鼻科に行った人もいましたから。

ただし、私は夜には強いが、寝不足で頭がぼーっとしてしまう遺伝子タイプを持っていることがわかっています。だからとにかく寝不足にならないよう、寝られるときはいつでもどこでも寝ることを心がけていました。夜ふかしできることと、睡眠時間が短くてもよいことは、違う話なのでしょう。

こんな研究報告があります。夜ふかし遺伝子を持っていても、先ほどの私のタイプのようにドーパミン代謝の遺伝子タイプにより、寝不足だと頭の活動が低調となってしまう可能性がある。夜でもドーパミンがガンガン出る人は、寝不足でも頭が活発で判断力が鈍らない。このようにいくつかの遺伝子タイプのパターンにより、オーダーメイド医療で個人に合った対策が立てられるようになってきました。

もっとも、私はいつでもどこでも寝られるタイプなので、諸問題をリカバーできたのかもしれません。救急の患者さんにいつでも対応が必要な医者むきの体質だったようです。投打の二刀流で世界を驚嘆させている大谷翔平選手は、飛行機でもどこでもよく寝ることができ、長距離の移動や激しい時差にとても強いそうです。野球選手にとっては、これも才能のうちでしょうか。

もともと哺乳類は、恐竜に隠れて日暮れからこそこそ動き出す「夜型」だった

夜型・朝型どちらがよいかという問いには、正解はなさそうです。早寝早起きで朝型の人のほうが健康そうには見えますが、早起きは短命につながるという研究報告もあります。私の父は夜型人間で、ふつう歳をとると早起きになる人が多いのに、どんどん朝が遅くなっていきました。親子で仲よく夜型遺伝子を持っていたと思います。

私たちの先祖である哺乳類は、まだ恐竜がいた1億4500万〜6600万年前の白亜紀には、たいていネズミのような小さな動物でした。その前、約2億年前に始まるジュラ紀が「恐竜の全盛時代」です。哺乳類は、恐竜が目立って活動しない夜の世界や、恐竜が足を踏み入れない山岳地帯などの〝ニッチ〟(隙間)で暮らしていました。夜間こそこそ動きまわらなければ、恐竜に襲われ絶滅しちゃう。だから、私たちが夜

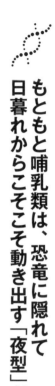

型の遺伝子を残していても不思議はありません。哺乳類の視覚が鳥類に比べて劣るのは、夜行生活が長かったためとされています。鳥類の先祖は１億５０００万年前の始祖鳥で、その先祖は、つまり恐竜と考えられています。

約６５００万年前、おそらくは直径10キロほどの巨大隕石が地球に落下したことによって恐竜が絶滅しました。同時に最大75％の生物種、99％以上の個体が死滅したとされ、恐竜の系統で生き延びたのは、ワニやカメやトカゲと鳥だけです。こうして哺乳類が爆発的に増えて広がり、哺乳類の天下が訪れました。はるか昔は夜型でも、白昼堂々と暮らしはじめて数千万年たっているから、昼型の遺伝子も出現してきたのかもしれません。

夜間の奇襲戦にめっぽう強かった戦国武将は、夜に強い遺伝子を持っていたのかもしれません。たとえば豊臣秀吉の軍師・黒田官兵衛。夜でも非常に遠くまで目が利いたといいますが、ビタミンＡが十分足りていたのでしょうか。ＮＨＫ大河ドラマや司馬遼太郎の小説においても、官兵衛の家は目薬を売って財をなしたという話がありますから、その目薬が効いたと考えるとおもしろいですね。

これは史実ではないとみる研究者もいますが、有名になればなるほど、さまざまな説が出てくるのはよくあることです。私は〝夜目が利いた↓合戦では負けなし↓目薬のおかげ〟という流れを信じたいと思います（笑）。姫路ゆかりの人間としても、昔からの地元の伝承を採用したいですね。目薬など何らかで財をなして頭角を現したというのは、播磨《はりま》のように長い歴史のある土地で活躍する条件として、ありうる話だと私は思っています。

日本人の多くが持つ「飢餓遺伝子」が「肥満遺伝子」に変身する？

「それほど食べているわけじゃないのに、なんで太ってしまうのかなあ？」

そんな疑問を感じている方はいませんか。量は少なくても夜寝る前に食べるのがよくない？　炭水化物が多くバランスがいまいち？　運動が足りない？

●本書へのご意見・ご感想をお聞かせください。

ご協力ありがとうございました。

郵便はがき

切手を お貼りください

105-0003

（受取人）

東京都港区西新橋2-23-1
3東洋海事ビル

（株）アスコム

すべて遺伝子のせいだった!?

読者　係

本書をお買いあげ頂き、誠にありがとうございました。お手数ですが、今後の出版の参考のため各項目にご記入のうえ、弊社までご返送ください。

お名前	男・女	才
ご住所　〒		
Tel	E-mail	
この本の満足度は何％ですか？		％
今後、著者や新刊に関する情報、新企画へのアンケート、セミナーのご案内などを郵送またはE-mailにて送付させていただいてもよろしいでしょうか？ □はい　□いいえ		

返送いただいた方の中から**抽選で3名**の方に
図書カード3000円分をプレゼントさせていただきます。

当選の発表はプレゼント商品の発送をもって代えさせていただきます。
※ご記入いただいた個人情報はプレゼントの発送以外に利用することはありません。
※本書へのご意見・ご感想およびその要旨に関しては、本書の広告などに文面を掲載させていただく場合がございます。

それは、あなたが太りやすさに関係する「飢餓遺伝子」を持っているせいかもしれません。

日本人は飢餓遺伝子を高い割合で持っています。四季に恵まれた日本は山の幸も海の幸も豊富です。しかし、バラエティに富んで健康的でも、食べ物が十分あってお腹いっぱい食べられるという感じは、あまりありません。江戸時代に繰り返された大飢饉や、女子の身売りや欠食児童が出て小作争議を招いた昭和初期の大凶作は、日本の歴史上では比較的最近の話です。

古代神話の一つ「日本書紀」に天照大神《アマテラスオオミカミ》の孫の瓊瓊杵尊《ニニギノミコト》が三種の神器と稲穂１本を持って高千穂峰《たかちほのみね》に降り立った（天孫降臨）とあり、稲穂を育てて人びとを食べさせなさいとアマテラスが命じた、とされています。このありがたい稲穂で飢えが解消されはじめたとしても、人びとが日本列島に住みはじめて３万年やそこらたって以降の話ですから、日本人が長くお腹を空かせていたことは間違いないですね。だから日本人は、飢餓遺伝子を持つようになり、そのおかげで生き延びてきたのでしょう。

飢餓遺伝子は、「倹約遺伝子」「省エネ遺伝子」ともいわれ、100種類以上あると見られています。エネルギーを消費せずに内蔵脂肪としてため込んだり、脂肪を燃焼させにくくしたりする働きがあります。「β3AR遺伝子」、「PPARγ《ガンマ》遺伝子」、「カルパイン10遺伝子」、「β2AR遺伝子」「UCP-1（脱共役タンパク質1）遺伝子」などが知られ、受容体や酵素をつくる遺伝子です。

たとえば脂肪を燃えにくくする「脂肪ため込み（β3AR）遺伝子」を持つ人は、持たない人よりも1日あたりの基礎代謝量（体重によりますが、標準的な男性で1500、女性で1100キロカロリーくらい）が200キロカロリー低く、そのぶん脂肪がたまってお腹回りが太りやすいのです。これは白人の8％に対して、日本人の34％が持っています。なお、冷え性はこの遺伝子の変異が引きおこすとされています。

安静時の新陳代謝が進みにくいPPARγは、欧米人の6割に対して日本人の92％が持っています。

糖質の細胞取り込みに関係する活性型インシュリンを調節し糖質を吸収しやすくするカルパイン10は、日本人の95％が持っています。

脂肪分解に関係するβ2ARを持つ人は脂肪を分解しやすいのですが、日本人では16％に変異が見られ脂肪が分解されにくい体質となります。

脂肪燃焼に関係するUCP－1の働きが悪い人は、基礎代謝量として100キロカロリーが毎日燃えずに余ってしまい、脂肪の貯金となって、太ももやヒップなどが太りやすい。UCP－1は、日本人の25％が変異を持っています。

こんなに関係する遺伝子があると、なかなか痩せないのは遺伝子のせいだと思いたくなりますね。

飢餓遺伝子は、日本人がお腹を空かせていた時代はありがたい存在でした。でも、〝飽食の時代〟には、日本人が太りやすい一因の「肥満遺伝子」として、デメリットが大きくなっています。予備軍も含めると2000万人ともいう糖尿病につながったり、最近では肥満症はがんになりやすいという研究報告もあったり、要注意です。

ただし、ガリガリに痩せた人より〝小太り〟の人のほうが長生きします。標準体重をややオーバーするくらいのほうが、代謝がよいのです。現代では下っ腹が出たおじさんが肩身の狭い思いをしていますが、お寺にある昔の高僧の像はだいたい小太りですね。七福神も女性の弁財天（弁天様）を含めてみんな小太りの神様として、絵に描かれたり彫像になったりしています。適度の小太りであれば、あまり気にする必要はなさそうです。最近では、痩せより小太りの女性は長生きするという日本の研究結果も出ていますので、日本の七福神の体形はあながち間違っていなかったわけです。

「アスリート遺伝子」には、「ヘタレ遺伝子」や「筋肉遺伝子」もある

うちの子は幼稚園の年少組だけど、ボールを足や頭でポンポンするリフティングがうまく、1分以上続けられる。将来Jリーグ選手だって夢じゃないかも——こんなことを考える親御さんが少なくないと思います。

両親とも大学スポーツでいい線いってたから遺伝かな？　この子は優れたアスリートになれる遺伝子を持っているのかしら？　こんな疑問を多くの人が持つはずで、選手本人やコーチ・監督ならば、なおさらでしょう。

遺伝とアスリートで思い浮かぶ親子に、ハンマー投げの室伏重信《むろふししげのぶ》・広治《こうじ》さんがいます。父の重信さんはオリンピック連続３大会に出場、息子の広治さんは２００４年のアテネ大会で金メダルに輝きました。恵まれた体格もそうですが、パワーに頼るのではなく技と動きを磨き上げてきた戦略と努力、さらにオリンピックへの情熱が2代にわたって受け継がれてきたことを、強く感じますね。

結論から申し上げましょう。「アスリート遺伝子」は確かに存在します。

90年代はじめに家族性赤血球増加症（多血症）の研究報告があり、この疾患を受け継ぐ家族に、冬季五輪や世界選手権で金メダルを5個も取った元クロスカントリー選手が含まれていると、たまたまわかりました。

この家族は、赤血球づくりを促進するホルモン「ＥＰＯ」（エリスロポエチン）の受容体をつくる遺伝子に変異があって、ＥＰＯ受容体に過剰な造血作用を止める機能がありません。だから血液内の赤血球やヘモグロビンが十分あるのに、血をつくりつづけてしまいます。症状が進行すると血がドロドロになり、血のめぐりの悪さから頭痛やめまいが起こったり、血栓（血の塊）ができて心筋梗塞や脳梗塞を引き起こしたりするのです。

ところが元スキー選手は、血中ヘモグロビン濃度は高いが健康で元気です。赤血球の多いことが酸素供給能力を向上させ、持久力を高めて好成績につながった、と結論されました。マラソン選手の同じような研究報告もあります。

その後、持久力と遺伝子に関する研究が進み、肺の血管から出て血圧を高める「アンギオテンシン変換酵素」（ACE）をつくる遺伝子が注目されました。

この遺伝子は「ヘタレにくい」「ややヘタレやすい」「ヘタレ」の3タイプに分かれ、8000メートル級の無酸素登山をした登山家15人にヘタレ型は皆無でした。低酸素状況で活動するには血圧を高く維持する必要があるので、この「ヘタレ遺伝子」は「登山遺伝子」とも呼べそうです。ボートや長距離陸上でも優れた選手にヘタレにくい型が多いという研究があります。もっとも優れた競泳選手のACE遺伝子はヘタレ型が多い、選手と一般人でACE遺伝子の違いは少ないといった報告もあり、いまひとつはっきりしないのです。たった1つの遺伝子の影響は少ないのかもしれません。

ACE遺伝子に特定の変異があると、変形性ひざ関節症になる人の割合が高まります。ひざ関節のクッションの役目をしている軟骨が、加齢や筋肉量の低下などですり減ってしまい痛みが生じる病気です。骨や関節にもっともよく見られるものの一つで、日本の患者数は１０００万人以上ともいわれています。

肺で血圧を保つ酵素の多い少ないと、変形性ひざ関節症になる人の多い少ないが、なぜ同じ遺伝子の違いで左右されるのか？　理由はよくわかっていません。

しかし最近、ＡＣＥに作用する血圧調節剤を妊婦さんに用いると、胎児に奇形が生じる恐れがあると報告されました。このことから、ＡＣＥが乳幼児の発達に重要であり、それを阻害すると発育に影響が出ることがわかってきました。つまり、乳幼児の発達に重要なＡＣＥはおもに血管細胞に働きかけるため、ひざなどの軟骨組織の発達や、老化の再生などに関係しているのかもしれません。そうなると高齢者の変形性ひざ関節症のなりやすさも説明できるのでは、と考えています。

速筋線維（収縮スピードが速い筋肉）にある「α－アクチニン3」という収縮タンパク質の遺伝子は「持久型」「中間型」「瞬発型」の3タイプに分かれます。こちらは「筋肉遺伝子」といえそうです。このうち持久型は持久系のオリンピック選手に多いのですが、パワー系・スプリント系（瞬発系）のオリンピック選手で持久型の遺伝子タイプを持つ人は皆無に近かったという研究報告があります。

重量挙げ・短距離・ジャンプ競技などは、ごく短時間で強い力を出す必要があるけれど、長時間は必要ない。対してマラソンや競歩などは、小さい力でよいけれど長時間の持続が必要ですね。だから、同じアスリート遺伝子でも、競技によって適した遺伝子のパターンがあるのでしょう。

ケガの多いアスリート「肉離れ遺伝子」のせいかもしれない

アスリート遺伝子は、まだまだ研究段階です。今後さまざまなアスリート遺伝子が見つかり、すでに知られているものより働きが大きいと判明するかもしれません。ある遺伝子を持つ人に適した競技種目、これまでのトレーニング以外に能力向上に役立つ方法なども、これから明らかにされていくでしょう。遺伝子研究が生かされる楽しみな領域だと思っています。

元クロスカントリー選手の話で触れた、血液から酸素を多く取り込む能力は、赤血球の数以外に、血液を送る心臓のポンプ機能、骨格筋の能力、肺の拡散能力などが関係する〝身体の総合力〟です。赤血球が多くても、別の理由によって心臓や肺が弱ければ持久力は高まらないから、一筋縄ではいきません。

遺伝子を調べたらアスリート向きの遺伝子をいくつか持っていた。でも、不向きな遺伝子も見つかり、そちらの数のほうが多かった。だからプロはあきらめる、というような時代が来るのかもしれません。

動物にもアスリート遺伝子があります。競走馬のサラブレッドは１７００年前後に生きていたオス馬3頭の子孫で、遺伝子研究が進み、「スピード遺伝子」と「持久力遺伝子」を持つことで知られています。スピード遺伝子は、３００年ほど前にイギリスにいた１頭のメス馬に由来します。これを持つ馬は１６００メートルまではとにかかく強いが、2400メートルではほとんど勝てないそうです。

サラブレッドは、うまく育てれば速いのですが、トレーニングをサボるとすぐ太ってしまい、競走では勝てない駄馬になりがちです。代謝が活発だから、運動や訓練をサボると脂や老廃物がどんどんたまってしまうのです。同じことは、ヒトのアスリート遺伝子にもいえますから、注意が大切でしょう。

先日、有名な野球選手OBが久々にテレビに出ていて、思わず「誰だったかな？元関取？　太ったお笑い芸人さんだったか?!」と、見間違えてしまいました。

アスリートに関係のある遺伝子に「肉離れ遺伝子」もあります。

日本人アスリート1300人以上を対象に、筋損傷の受傷歴と「エストロゲン受容体遺伝子」の関連を調べたら、遺伝子によって筋肉の硬さが異なり、肉離れを起こしやすい人がいるとわかりました。

〝女性ホルモン〟として知られるエストロゲンは、思春期から分泌量が増えて生殖器官を発達させ、ふっくらした体形をつくります。男性でもつくられることがわかっていましたが、その受容体の遺伝子タイプの違いで肉離れが起こるとは意外でした。しかも、男性のほうが女性より肉離れを起こしやすいのです。

中学時代から柔道やラグビーに打ち込んできた私は、「またか。いったい何回やれば気が済むんだ」と自分で呆れるほど、ふくらはぎや太ももの裏の肉離れをやりました。そのたびに「準備運動やストレッチが足りないからだ」といわれ、ちゃんとやっているのに、とあまり納得できませんでした。

２０２２年５月、サッカー日本代表監督を務めたイビチャ・オシムさんが亡くなりました。心に残る仕事をされた人です。その語録にあった「ライオンに追われたウサギが肉離れをしますか。準備が足りないのだ」という一節を改めて思い出しました。確かに準備運動の影響があるかもしれませんが、遺伝子により「より肉離れしやすい」と知っていれば、より入念にストレッチや準備体操をおこなうことができそうです。ちなみに私は、まさにこの肉離れ遺伝子を持っていたのです。

私も高校時代にこの遺伝子を知っていたなら、ケガも少なく試合でも力をより出しきれていたでしょうか？　「己を知れば百戦危うからず」で〝いまとはまったく違うアスリート人生〟を歩んでいたかもしれません。それでも大した成績ではないと思いますが（笑）。

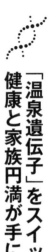

「温泉遺伝子」をスイッチオン！健康と家族円満が手に入る

２０２１年のノーベル生理学・医学賞は、温度をはじめさまざまな化学的・物理的刺激をとらえるセンサーとして、生体の多種多様な機能に関係して働く「ＴＲＰチャネル」の発見者２人に与えられました。

ＴＲＰ（一過性受容体電位）チャネルは細胞膜にあるタンパク質で、温度をはじめさまざまな刺激をとらえるセンサーとして、多くの動物が持っています。もともとはショウジョウバエの光受容体を変異させる原因遺伝子として発見されました。

このＴＲＰチャネルは温度を感じるセンサーでありながら、トウガラシ成分のカプサイシンやハッカ成分のメントールなどの受容体としても働き、温度と無関係に熱感や涼感を生じます。酸や痛みといった刺激でも活性化します。「ＴＲＰＶ１」というカプサイシン受容体は、黒胡椒や生姜《しょうが》の辛み成分でも活性化します。人間はＴＲＰチャネルなんてまったく知らない昔から、寒いときトウガラシを靴下に入れたり生姜風呂に入ったりしていました。すばらしい知恵だと感心しますね。

極端な高温や低温は生命を脅かしますから、ＴＲＰチャネルという温度センサーは約43℃以上と約17℃以下を、熱い寒いに加えて痛みとして感知します。命の危険を避ける非常に重要なスイッチとして働くわけです。

「ＴＲＰＡ１」という温度センサーは、17℃以下でスイッチが入るとされています。「ＴＲＰＡ１遺伝子」のタイプによって、このスイッチが入ると協調性を発揮する人がいることは、第1章（45ページ）で紹介しましたね。昔は17℃以下になると身を寄せ合って暖をとったことから、協調性と連動するのではないかというお話もしました。

ＴＲＰチャネルは、ヒトでは6つのサブファミリー、27種類のチャネルがあります。

このうち温度感受性を持つものは10種類です。大まかに「熱湯スイッチ」「冷水スイッチ」「ぬるま湯・適温スイッチ」に分けられると思います。

熱湯スイッチ（ＴＲＰＶ１）は、43℃以上の熱い温度で反応し、唐辛子のカプサイシン（辛み成分）にも反応します。

冷水スイッチ（ＴＲＰＡ１）は、17℃付近の冷たい温度で反応し（諸説あり）、ワサビ（辛み成分）にも反応します。

ぬるま湯・適温スイッチ（ＴＲＰＭ４・Ｍ５）は、35℃付近の温度で反応し、甘み成分にも反応してインスリンの分泌量を上昇させます。同じくＴＲＰＭ８は28℃付近の温度で反応し、メントール（清涼的成分）にも反応します。

これら温度センサーのなかで、ＴＲＰＡ１遺伝子はもっとも古いとされています。３億５０００万～4億年前にはすでに存在し、昆虫や両生類、爬虫類や哺乳類がそろって持っていたといわれています。それが進化の過程において温度（ヒトでは低温センサーか）感知と生存戦略に関わっていたかもしれないと想像するだけで、ワクワクしますね。

こうしてみると、40℃前後でスイッチが入るものが多いのです。そこで、ＴＲＰチャンネルは「温泉遺伝子」と呼んでいい、と私は思っています。水風呂を備えた温泉がありますから、温冷交互浴をすれば全部の温度センサーのスイッチが入ります。だから温泉は、さまざまな細胞が活性化され、健康を増進させてくれると考えています。温泉やサウナ後の冷たいシャワーや、温泉地で食べる刺し身のワサビで、ＴＰＲＡ1のスイッチがオンになり協調遺伝子が働くとしたら、なんと不思議で興味深い仕組みなのでしょう。

家族みんなで温泉に行って、入浴後に刺し身をワサビでいただくと、協調性が増してお互いの絆が深まれば、健康と家庭円満の一石二鳥ですね。温泉博士を自認する私としては、温泉はイチオシです。

ＴＲＰチャネルの遺伝子タイプによって協調性のような性格が異なる、とお話ししましたが、脳の働きにも関係している可能性があります。脳内で刺激に対し応答する受容体として機能するＴＲＰチャネルは、遺伝子タイプによって感受性が異なり、脳の発達や神経回路の変化に影響しているかもしれません。ＴＲＰチャネルは、とにかく働きが多様で、新しい発見が少なからずありそうです。

味覚の話をしたので、甘みの話題を一つ。3800人以上を調べたら遺伝子のタイプによってアイスクリーム好きと好きではない人が分かれた、というイタリアの研究があります。つまり「アイスクリーム遺伝子」です。ただ、このアイスクリーム遺伝子を調べると、これまで報告されている手がかりになるような機能的な遺伝子は近くになく、このアイスクリーム遺伝子の働きも謎です。このようにアイスクリーム好きと明らかに関連はあるものの、そのメカニズムや理由についてはわからないのです。

遺伝子と私たちの身体の働きや好みなどの関連は、そうした「相関はありそうだが、なぜ？　どうなっているのか？」が多いのです。逆にいえば、おもしろそうなつながりが将来どんどんわかってきそうで、まさに「宝の山」なのです（笑）。


温度センサーの最後は、動物のちょっとおかしな話で締めましょう。卵から生まれてくるワニは、気温が35℃以上だとすべてオスに、30℃以下だとすべてメスになり、30～35℃くらいでオス・メス均等となるそうです。地球温暖化が極端になると、生まれてくるワニがすべてオスになってしまい、そうなると絶滅しかねませんね。

「まぶたのたるみ」も「目尻のシワ」も遺伝子のせいだった？

なんともさまざまな遺伝子があることに驚かされますが、異色の2つを紹介しておきましょう。1つは「まぶたたるみ遺伝子」。オランダのエラスムス医療センターの研究グループによると、まぶたがたるみやすい傾向のある遺伝子の型がわかりました。まぶたのたるみは細胞内のミトコンドリアが関係しています。歳をとれば、誰でも皮膚が老化によってたるんで、垂れ下がりがちになるものでしょう。この遺伝子を持っている人ほど、そうなりやすいわけです。そんな遺伝子なんて、イヤですね。

もう1つは「目尻のシワ遺伝子」。「カラスの足跡」といわれることもある目尻の笑いジワです。中国科学院の研究で、深いシワが目尻にできやすい遺伝子の型がわかりました。これはアリール炭化水素受容体という転写因子をつくる遺伝子で、解毒酵素（157ページ）に関係します。この働きが弱まると細胞に余計なものがたまって、シワができてしまうと考えられます。目尻の笑いジワは魅力的だと思うのですが……。

最近、40℃くらいでスイッチが入る温度センサー遺伝子のなかに、皮膚細胞にスイッチが入り皮膚の保湿やバリア機能に関係するものがあるとわかってきました。皮膚のたるみやシワを隠す化粧品をつくるメーカーは、熱心に遺伝子レベルに基づく研究開発をしていますので、こうしたアプローチがさかんになってくると予想されます。

「脳と腸」は密接に関係していることがわかってきた

「腸は第二の脳」「脳腸相関」という言葉をご存じですか？

腸は脳からの刺激や命令なしに活動できます。腸独自の神経ネットワークが張りめぐらされ、神経細胞の数も脳に次いで多いのです。腸はものを考えこそしませんが、ヒトの感情と深く関わっています。だから〝第二の脳〟です。

一方、脳と腸は互いに独立した存在のように見えて、じつは非常に緊密に影響しあっています。ストレスを感じると、お腹の具合が悪くなったりしますよね。

みなさんは、過敏性腸炎という疾患名を聞いたことがあるでしょう。ストレスが強くなると症状が悪化するという特徴から、ストレスに関わる病気として有名です。

これは腸に問題となる異常がまったくないにもかかわらず、腹痛や腹部の不快感が続き、習慣的に便秘や下痢などを繰り返す困ったものです。日本では、じつに人口の約1~2割に見られる、決して珍しい病気ではありません。なぜストレスで悪化するのか謎でしたが、近年いろいろと解明されてきました。

脳が不安やストレスを感じると、その信号に腸が過剰に反応して、腸が刺激に敏感になってしまいます。その敏感になった信号が逆に脳に伝わり、さらに苦痛や不安感が増すという「脳腸相関の悪循環」によって起こるとわかってきたのです。

さらに、この悪循環を生む要因として、腸内細菌が大きく関与している可能性も示されるようになってきました。そこで、腸内環境を整える「腸活」が脚光を浴びるようになったのです。

たとえば、特定の神経伝達物資をつくる腸内細菌がお腹に少ない子どもは、行動異常や自閉スペクトラム障害などになりやすいという報告があります。そこで、同障害の子どもの腸内環境を改善させる治療がおこなわれています。

これから「腸活」による脳や腸への影響を調べる研究が進むでしょう。ただ、いまの腸活は前でお話ししたように「大海に目薬」の状態なので、多くの方々が腸活に実感がわかないというデータもあります。今後の研究動向がますます注目されます。

腸には1000種類、100兆個の細菌がつねに棲み（常在菌）、集めると重さ1～2キロくらいでしょう。最大1万種で1000兆個との推測もあり、まさに〝腸内宇宙〟ですね。腸の壁に種類ごとにびっしり張りつく様子はお花畑（flora）を思わせ、「腸内フローラ」と呼ばれます。正式名称は「腸内細菌叢《そう》」です。

東大名誉教授の服部正平《まさひら》先生は「ポストヒトゲノム」の一つとして、いまは腸内細菌ゲノム研究に注力されています。服部先生もチームに入って日本を含む12か国の人びとの腸内フローラを調べた研究があります。それによると、12か国は、だいたい3

グループに分かれます。

腸内細菌の構成が日本人に比較的近いのはオーストリアで、次に近いのがフランスやスウェーデン。もっともかけ離れているのは南米ペルー・ベネズエラ・アフリカのマラウイ。途中にロシア・アメリカ・中国などが位置します。

欧州や南米の国同士が似るのは当然として、なぜか同じアジアの日本と中国は似ておらず、むしろ中国とアメリカが似ているという、不思議な結果です。

これら12か国を食事の栄養素で分けると、タンパク質の多い欧米諸国（ロシア除く）と、タンパク質の少ない日本・中国・南米・アフリカの2グループに分かれ、腸内細菌のグループ分けとは一致しませんでした。ちょっと意外です。

この結果から服部先生は、腸内細菌に影響を及ぼす要因の一つとして、食生活よりも抗生物質など薬剤の存在を考えられているようです。たとえば抗生物質を服用すると、腸内細菌を弱らせたり、殺したりしてしまいますね。この分野は、さらに研究が進んでいくことでしょう。

腸内バランスは、親から子、そして孫に受け継がれていくことがメインであると、私は考えています。「腸内細菌は母から子への贈りもの」という研究者もいます。ですから、民族や国によって違うことがありうるのだろうと思います。

以前、アメリカの元大統領が「私はチンギス・カンの遺伝子を持っているだろう」と話しているのを聞いた覚えがあります。

腸内細菌の世界における、中国とアメリカの近い関係を知るうえで興味深いですね。先祖をさかのぼると、いろいろと解明できるかもしれません。民族の先祖やルーツを研究するうえでも、腸内遺伝子のデータが新たなツールになる予感がします。

また、服部先生は、お寺で数十人に3か月精進料理だけを食べさせ、腸内フローラや腸内バランスがどう変化したかも調べました。すると、意外にも何も変わらなかったのです。一時的に新しい腸内フローラが棲みついたように見えても、いつの間にかいなくなってしまうんですね。腸内フローラは3歳くらいまでにパターンが完成し、一生ほとんど変わりません。もっとも菌は加齢によって減少していきます。

日本人に多い？ 牛乳でお腹ゴロゴロと「ビフィズス菌遺伝子」の関係

腸にいる菌は「善玉菌《ぜんだま》」「日和見菌《ひよりみ》」「悪玉菌《あくだま》」に分かれます。

多数派は、バクテロイデスや大腸菌無毒株などの日和見菌で、状況によって善玉悪玉のどちらにもなびく、ちょっと無責任な連中です。

次に多いのは、ビフィズス菌や乳酸菌などの善玉菌で、乳酸や酢酸をつくって腸内を酸性にし、悪玉菌の増殖を抑え、腸の働きを活発にします。病原菌による感染の予防、発がん性のある腐敗物の抑制、ビタミンづくりのほか、身体の免疫機能向上や血清コレステロール低下につながる働きもします。

少数派は、ウェルシュ菌や大腸菌有毒株などの悪玉菌で、毒性物質をつくり出して、腸内をアルカリ性にします。

腸内から悪玉菌が一掃されればよい、のではありません。バランスが大事で、善玉菌・悪玉菌・日和見菌の理想的な割合は「2：1：7」とされています。

日本人の腸には、欧米人などよりも高い割合でビフィズス菌がいます。理由は長くはっきりしなかったのですが、日本人は乳糖分解酵素をつくり出すことが少ないタイプの遺伝子型を持つとわかりました。この酵素の強弱に関係する遺伝子の位置6か所を日本人で調べたら、例外なく乳糖分解酵素の発現が少ないタイプだったのです。

わかりやすくいえば、日本人は乳糖を分解しにくいので、乳糖が腸内で余ってしまい、それをビフィズス菌がどんどん食べてくれるというわけです。

また日本人は「ビフィズス菌遺伝子」を持っていると考えられます。そのわけは、乳糖が苦手で下痢をしてしまう日本人と、乳糖が大好きなビフィズス菌との相思相愛的な「共生」のために、ヒトのほうの遺伝子が「ビフィズス菌大好き遺伝子」を持つようになったためと考えられます。

これはAPOE5という遺伝子のパターンで、おもに油の代謝に関連しています。ビフィズス菌のような腸内細菌のバランスに、油（脂質）のバランスも関係しているとしたら、腸活としてとても興味深いですね。食の欧米化とビフィズス菌など善玉菌のバランスは気になるところで、今後のさらなる研究成果に期待しています。

腸内環境は生活習慣とともに日々変化しますが、絶えず腸内細菌の存在量を測るのは困難です。しかし日本人の遺伝子を調べることで、ビフィズス菌が増えやすいかどうかの傾向が推測できるのです。つまり、人種や体質によって腸活菌が変わるだろうということです。この遺伝子は、いま紹介した脂質代謝に関係するＡＰＯＥ５というタンパク質で、動物実験ではラットの小腸で免疫制御に関わることがわかりました。小腸免疫のコントロールがビフィズス菌生育に重要なのかもしれません。

ちなみに私は、ビフィズス菌遺伝子をふつうに持っているタイプでした。

日本で多くの人が牛乳を飲みはじめたのは戦後になります。現在でも日本人の牛乳摂取量は、欧米人よりかなり少ないといわれています。

歴史をさかのぼると、飛鳥～平安時代の日本には「蘇《そ》」という乳製品があって貴族たちに好まれ、薬や供え物にも使われました。

乳汁をコトコト煮てできた塊を乾燥させたもので、私も研究室で試しにつくったら秘書に大好評でした。製法を記した文献がなく、当時の秘書が歴史好きでいろいろ調べてレシピを考案してくれました。レシピといっても牛乳を煮詰めるだけですが(笑)。

701年の大宝律令のころは、皇族御用達の酪農家「乳戸《にゅうこ》」が宮中に牛乳を納め、余りは蘇にして保存したそうです。その後に乳製品が廃《すた》れたのは、武士が活躍する戦乱の時代で、乳牛よりも軍馬を飼うようになったからでしょうか。古代の日本人も牛乳を飲むとお腹を壊したのでしょうか。

それにしても、こんなに簡単につくれる蘇が、1000年以上も廃れていたのは不思議でなりません。

日本人が「牛乳に弱く、下痢をする」のは、「乳糖分解遺伝子」が弱いせいだと、先ほどお話ししましたね。遊牧民はこの遺伝子がしっかり働いているけれど、私たち日本人は働きが弱いのでしょう。蘇は牛乳を煮詰める過程で、予想以上に甘くておいしくなりますが、成分としては乳糖の塊といえそうです。

私は実際に食してみて下痢こそしなかったものの、意外にも消化不良を感じました。乳糖が分解できなかったのかもしれません。簡単でとても美味なのに、１０００年以上も廃れていた理由がわかったような気がしました。

分解・吸収や消化の話に関連して、腸の長さについても触れましょう。大腸内視鏡検査をすることが多い私は、この腸は長いなと実感することがあります。消化しにくい草を食べてきた長い歴史が日本人の腸を長くしたのだろうと思います。

もっとも、２０１３年の「日本人とアメリカ人の大腸の長さは違うのか？――大腸３Ｄ－ＣＴ（仮想内視鏡）による１３００名の検討」という研究では、日本人とアメリカ人の大腸の長さはほぼ同じで、日米とも世代が上がると大腸が長くなるとの結論でした。私は厳密に比較検討したわけではないので、そういわれればそうかな、とも思います。

胃下垂も似たような話で〝病気〟ではなく、消化がよくない草を胃の中に長く停留させて、時間をかけてしっかりこなそうとする〝体質〟です。草食の牛が胃を４つ持っているというのは頷ける話です。

間違いなく確かなのは、日本人が昔から食べてきた鍋は、草や野菜や芋などをグツグツ煮て消化をよくする、とてもよい調理法だということです。

最近は、時間がないとか、核家族や一人暮らしとかいう理由から、鍋にせず油でちゃちゃっと炒めて食べる人が多いのでしょう。それで消化不良になってしまい、胸焼けや胃もたれを起こして病院に来る人がたくさんいます。古来から大事にされてきた鍋を、もっと見直してほしいですね。

タイプによって効果に差が出る「ビタミンC遺伝子」

ビタミンCは、オレンジやレモンをはじめとする果実・野菜・芋・でんぷんなどに含まれています。哺乳動物の多くは自分の体内でブドウ糖から合成できますが、なぜかヒトやモルモットなど一部の動物は合成できず、外から取り込む必要があります。

バランスよい食事さえ摂っていれば、ビタミンC不足を心配する必要はありません(成人の推奨量は1日100ミリグラム)。

大航海時代の船乗りたちは、ビタミンC不足から壊血病《かいけつ》（コラーゲンが合成されず血管がもろくなる病気）にかかりました。もやしを船倉で栽培して食べれば予防できるとは、誰も気づかなかったのです。

沖縄の方々や海洋民族が、風習としてシークヮーサーなどの柑橘類をいろいろな食材にしぼって食べることが多いのは、航海において柑橘類から得られるビタミンCの重要性を経験的に知っていたからかもしれません。

ビタミンCは体内で「ビタミンC輸送体」と呼ばれるタンパク質が運びます。「SVCT1」と「SVCT2」の2種類があり、料理のさじ加減のように、この2種類が取り込み速度を調節して、早く取り込んだりゆっくり取り込んだりします。この輸送体をつくる「SVCT1遺伝子」「SVCT2遺伝子」にパターンがあって、健康や早産、緑内障や胃がんをはじめ、さまざまな病気のリスクに影響していることがわかってきました。まだわからないことも多く、研究の進展が期待されています。

冬場のかぜ予防としてミカンをたくさん食べたり、ビタミンC飲料を一生懸命飲んだりする人がいます。「高濃度ビタミンC点滴療法」の資格を持つ私は、以前、この療法をがん患者さんなどにおこなっていたことがありました。ビタミンCの血中濃度がなかなか上がらない場合があるので、効果の出方には遺伝子が関係しているという印象を持っています。

関係しているなら、このSVCTのような「ビタミンC遺伝子」が関係しているだろうと思います。遺伝子のタイプによって吸収や反応の度合いが小さい人は、摂取量を増やせば効果が期待できそうです。ただし、ビタミンC摂取量・血液中濃度・体外排泄を検討した研究から、1日1000ミリグラム以上の摂取は意味がないとされ、厚生労働省の食事摂取基準2020年版も推奨していません。やはり腸からの吸収能力には限界があるからで、過剰摂取すると下痢でみんな流れてしまいます。

ビタミンCを発見したノーベル化学賞受賞者のライナス・ポーリング博士は、自らの発見を自画自賛しました。「ビタミンCはすばらしい」と毎日欠かさず摂取して、

90歳以上の長命を自ら実践したことで有名です。

「お酒遺伝子」でわかった日本人は世界一お酒に弱い

お酒（アルコール）・煙草（ニコチン）・コーヒー（カフェイン）といった嗜好品と遺伝子の関係は、よく話題にされます。

居酒屋でも「アルコールが全然ダメ」「飲むとすぐ赤くなる」「酒にめっぽう強い」といった体質の話が出て、「それは分解酵素（タンパク質）の有無による。つまり遺伝子が違うんだ」などと解説する人がいるでしょう。

飲酒で口から入ったアルコールは、胃や小腸上部で吸収され、血液を通して肝臓に行きます。肝臓では、①アルコール脱水素酵素「ＡＤＨ」の働きでアセトアルデヒドに分解され、②アルデヒド脱水素酵素「ＡＬＤＨ」の働きで酢酸に分解され、③酢酸はさらに血液とともに体内をめぐり、二酸化炭素と水となって体外に出ます。一部のアルコールは体内では処理されず、尿・汗・呼気に含まれて直接体外に出ます。

このうち、血中アセトアルデヒド濃度の低い段階で強力に働く酵素「ＡＬＤＨ２」がカギです。「ＡＬＤＨ２遺伝子」の型によって、お酒が強い人と弱い人が決まってきます。ですから「お酒遺伝子」ともいえますね。これにはＡＬＤＨ２酵素が高活性でお酒に強い型と、ＡＬＤＨ２酵素がほとんど活性を示さずお酒に弱い型があります。日本人の44％がＡＬＤＨ２を持たないか働きが弱いとされ、世界でいちばんお酒に弱い民族といえるでしょう。というのは中国人41％・韓国人28％・東南アジア10％台で、欧米人やアフリカ人はほぼ０％なのです。

もっとも、ＡＬＤＨ２の活性が低いだけの人は、飲酒習慣によっては、お酒が飲めるようになり、強くもなります。私の友人はほとんど酒が飲めない体質だったのですが、居酒屋バイトでかなり飲めるようになりました。でも、活性がまったくない人に無理やりアルコールを飲ませると、急性アルコール中毒を引き起こすことがあって、非常に危険！　新入生歓迎コンパでは要注意です。

これも先に述べた飢餓遺伝子とリンクするかもしれません。はるか昔は食べ物も少なく、食糧を発酵させてつくるお酒は貴重だったでしょう。倹約遺伝子、省エネ遺伝子として〝少量の酒で酔える〟体質はありがたいですね。実際、まわりでもコップ一杯のビールで真っ赤になり、ハッピーに楽しんでいるサラリーマンをよく見かけます。

アル中の人は「アル中遺伝子」があるのか？

アルコールは、別に明らかな毒ではありません。身体にとっては神経を休める作用もあり、神事にも祝い事にも用いられます。度が過ぎるとコントロールが利かなくなるからほどほどに、ということです。お酒に強い弱いと、アルコール依存症（アルコール中毒、アル中）は、別の話です。

結論からいえば、これこそが「アル中遺伝子」という決定的なものは、わかっていません。いくつかの遺伝子が関係していると考えられています。お酒をまったく受け付けないか、飲むと必ず気持ちが悪くなってしまう人は、依存症になりにくいんですね。つまり依存症の前提として、お酒をある程度は飲める遺伝子を持っている必要があります。でも、持っていても多くの人は依存症にならず、お酒を楽しんでいます。だから、さまざまな遺伝子があるところに、後天的な環境が大きく影響して依存症につながっていくのでしょう。結局「この遺伝子のせい」とは断定できないわけです。

ただネズミレベルでは、脳内のアセチルコリン受容体の遺伝子を壊した（ノックアウト）マウスがアルコールを死ぬまで飲みつづけていたという実験結果を聞いたことがあり、やはり遺伝子はある程度関係しているだろうと実感しています。

遺伝子改変マウスでは、いくつかの遺伝子が原因でアルコール依存になる現象がつぎつぎと報告されています。

それに対して、ヒトでは複数の遺伝子が関係しているだろうと想定されています。対策としては、前でも述べたように「遺伝子を眠らせる」作戦が有効だろうと考えますが、そのために環境要因を整えることもたいへん重要でしょう。

医薬品、カフェイン、ニコチンから私たちを守る「毒消し遺伝子」

歳を重ねると、日常的に薬を飲むケースが増えてきますね。こんなに飲んで大丈夫かな、と副作用を気にかけつつ数種類の薬を服用している方もいるでしょう。

医薬品は、処方された量をきちんと飲んでいても、薬の血中濃度が高くなって副作用を起こす場合が、残念ながらあります。なんらかの副作用らしき経験を持つ人は、患者全体の１割以上という見方もあります。これは「薬物代謝酵素」をつくる遺伝子のパターンと関係があり、その影響の仕方は、薬によっても人種によっても大きく異なっています。

代表的な代謝酵素に、細菌も動植物もほとんどの生物が持つ「CYP《シップ》」というタンパク質があります。体内に取り込まれた薬物・刺激物・有害物質などを何でもかんでも酸化し、解毒してくれる優れもので、「解毒酵素」とも呼ばれています。

ヒトでは約20種類が知られ、おもに肝臓にあって働く型、カフェインを分解する型、ニコチンを分解する型という具合です。副作用をなるべく減らすために、「CYP遺伝子」はさかんに研究されています。これは「毒消し遺伝子」ですね。

コーヒーを飲むと頭が冴えるのは、カフェインのような異物、あるいは軽い毒のような刺激物質が脳の神経細胞を刺激するからですが、人によっては眠れなくなるどころか、頭が痛くなってしまいます。これは「CYP1A2遺伝子」が弱く、いわば「コーヒー苦手遺伝子」を持つタイプといえます。私もそんな体質なので、コーヒーは「ここ一番」というときだけ、一種のカンフル剤のつもりで飲んでいます。

ひと昔前の映画やテレビでは、元気で頑強、不眠不休でガンバる新聞記者がよく登場しました。いつもタバコ吸いまくり、コーヒーもガンガン飲みながら、猛烈に飛び回っている風景が思い浮かびます。これは同時に、CYP1A2がガンガン発現してタバコとコーヒーを代謝分解しまくり、また足りなくなるとタバコとコーヒーをガンガン注入する、といったことを何度も繰り返しているのです。

動物で薬物代謝や解毒に働く代謝酵素は、植物では免疫にも働きます。動物の解毒遺伝子と植物の免疫遺伝子は共通しているものが多いともいえます。

植物は、いったん根を生やせば逃げ隠れできません。太陽の紫外線が増えた、すごく暑くなった、有毒な化学物質が流れてきたなど物理的な刺激を受けても、動物のように逃げたり物陰に隠れたりできないのです。その場で紫外線から細胞を守るタンパク質を出したり、自分で毒を分解したりする仕組みが必要です。

動けない植物は、道具をたくさん用意し、その場で物理的・化学的・生物学的に対応しなければ絶滅してしまいます。ですから、植物は１つの遺伝子で解毒のような化学機能と免疫反応のような生物学機能を併せ持ち、まったく動けないぶん、とても効率的に遺伝子を有効活用しているのです。

植物の遺伝子数が一般的に動物より多いのは、このためです。ヒトの遺伝子数は２万２０００くらいですが、コメが３万３０００、トウモロコシが４万ですね。野菜や果物など植物を食べると健康によいのは、動けない自分を守るために植物がつくった有効成分を、ヒトが上手に利用して取り入れているからです。つまり植物のおかげというか、私たちは植物の力をいただいて生きながらえてきたのです。
ホウレンソウは、ビタミンA(カロテン)・ビタミンC・葉酸などビタミンB群のほか、カリウム・カルシウム・マグネシウム・鉄・亜鉛などを豊富に含む非常に健康によい野菜です。ホウレンソウなどに特有の細胞保護作用のあるベタニンや、植物ステロイドとして筋力増強作用のある成分エクジステロンが最近発見されており、〝ホウレンソウを食べて筋肉モリモリに変身するポパイ伝説は、やはり本当だった〟と注目を集めています。

最後は、コーヒーに戻りましょう。先ほどカフェインは「異物あるいは軽い毒のようなもの」とお話ししましたね。じつはカフェインとは、コーヒーの木や実が昆虫や害虫に食べられないように毒を含んで身を守る作戦だったのです。このカフェインの毒で、小さな昆虫や害虫は神経細胞がやられ、麻痺して動けなくなったり死んだりしてしまいます。ヒトも神経細胞は攻撃されますが、それがほどよい刺激になり覚醒するわけです。さらに軽い毒と認識しているので〝利尿作用〟が起こります。これは人体が「毒を排泄させせよう」とする生理現象なのです。

「がん抑制遺伝子」が変異すると「がんの原因遺伝子」になってしまうことも

さて、この章に残されたページもわずかになってきました。最後に病気の原因となる遺伝子をいくつか見ておきましょう。まずは、がん遺伝子から。

がんのほとんどは遺伝せず、後天的な遺伝子の変異が原因とされます。遺伝性がんは全体の5％ほどで、乳がんでは約1割です。乳がん患者の10人中9人までが遺伝と関係ないと聞くと、意外と少ないと思われたのではありませんか。しかし最近では、すい臓がんと身内のがん情報の関連などが注目されてきています。

がんの発生や進行に直接働き、一度スイッチが入るとガンガン暴走してしまう遺伝子が「ドライバー遺伝子」です。

〝ドライバー〟と聞くと真っ先にゴルフの一番ウッドを思い浮かべる方も多いでしょ

う（笑）。まさにそうなのです。ゴルフでも、いちばん最初に（遠くに）運ぶ、この運び屋がドライバーなのです。ドライバー遺伝子も似たように最初のスイッチみたいなもので、このシグナルで〝遠くに飛ばす〟つまり一気に細胞に情報を伝える役割を果たします。まさにフェアウェイにおける「一番ウッド」です。

このように、がん遺伝子・がん抑制遺伝子といった、発がんやがんの悪性化の直接的な原因となるような遺伝子をドライバー遺伝子と呼びます。ドライバー遺伝子は分子標的薬や抗体医薬などの治療の標的として有望です。つまり、そのスイッチ一つで、発がんに一気に進んでしまう重要な基地を、ピンポイントで攻撃する抗がん剤の開発が世界中で進められています。

この遺伝子は、がんを進展させるもっとも重要な情報を最初に発信する基地です。だから、早い段階でスイッチオンにならない、すなわちドライバー遺伝子が活性化しないよう基地を壊滅させることが、がん攻撃作戦の大切な戦略になってきます。

ドライバー遺伝子は、肺がんはこれ、肝臓がんはこれ、すい臓がんはこれ、と内臓ごとに違います。通常のがん治療でおこなわれる〝絨毯《じゅうたん》爆撃〟のように全部のスイッチを破壊すると、正常な細胞までが大被害を受け、副作用も身体のダメージも相当激しくなってしまいます。それに対して初期におけるピンポイント攻撃は、ダメージも少なく効率的です。最近では、このようなピンポイント攻撃である「分子標的薬」の開発技術も格段に進んでおり、今後の良薬の開発が期待されます。

世界中がさまざまながんのドライバー遺伝子を探索して分子標的薬を開発しようとしていますが、なかには肝臓がんのように、いくつもドライバー遺伝子を持っていることがわかってきています。〝敵もさることながら手強い〟というのが実情です。

すい臓がんは身内に１人いれば3倍、２人で6倍、３人で32倍と、身内に患者がいない人よりも将来罹患《りかん》率が跳ね上がります。すい臓はタンパク質・脂肪・炭水化物を代謝分解する重要な臓器です。すい臓を休ませるには絶食しなければいけませんが、それでは死んでしまう。だからすい臓の負担が小さい栄養食を摂ります。でも、どろどろして甘い栄養食を「こんなもの毎日食べるくらいなら、死んだほうがまし」という患者さんもいらっしゃるのです。治療が本当に難しいがんの一つです。

すい臓がんは近年爆発的に増えており、日本の女性ではついに胃がんより増えてしまいました。ひと昔前は〝がんを疑ったら胃カメラ〟というのが賢明な手順だったのですが、最近では「がんを疑ったら胃カメラも大事だが、それより先にすい臓がんをまず疑え！」という、以前ではありえないようなパラダイムシフトが起こりつつあります。

また、かつて〝死に至る病〟と恐れられた胃がんは、いまは早期発見したもので5年生存率が90％以上と、さほど怖い病気ではなくなってきています。胃がんは遺伝子とあまり関係がありません。胃がん患者のほとんどがピロリ菌を現在持っている、あるいは過去に持っていて、いまや胃がんの原因の98％はピロリ菌だろうという説が主流になっています。

乳がん・卵巣がん・子宮体《しきゅうたい》がんは遺伝子に関係し、子宮頸《しきゅうけい》がんは遺伝子とウイルスに関係します。ヒトパピローマウイルスに感染しやすい遺伝子タイプの人が慢性感染を繰り返すと、子宮頸がんにつながることがあります。心配な方はできるだけ早期にワクチンを積極的に打てばよいのですが、日本ではワクチンの副作用問題だけがクローズアップされてしまい、〝ワクチン恐怖症〟とはいわないまでも〝ワクチン警戒感〟が非常に強くあります。これには厚生労働省も困っているのか、現状を変えてワクチンを普及させようとする動きは鈍いようです。

遺伝性の乳がんを発症した人、つまり乳がん患者の1割の人の多くは「ＢＲＣＡ１遺伝子」か「ＢＲＣＡ2遺伝子」に変異があります。これらは「乳がん遺伝子」といえるでしょう。この遺伝子からできるタンパク質はＤＮＡに生じた傷を修復する働きがあり、うまく働かないとがんを引き起こす原因になります。これらの遺伝子はすい臓がんや卵巣がんを引き起こす危険もあるといわれているので、注意が必要です。

家族性大腸腺腫（大腸がん）に関係する「ＡＰＣ遺伝子」、網膜芽細胞腫（乳幼児の眼底に発生）に関係する「ＲＢ遺伝子」もがんの原因遺伝子です。

がんの半数に見られるとされる「Ｐ53遺伝子」は、タバコの煙に含まれる発がん物質によって突然変異することがあります。

Ｐ53は〝ゲノムの守護神〟と呼ばれたこともあるほど重要な遺伝子で、遺伝子が壊れてがん化しそうになると、いろいろな経路で細胞が増えるスイッチを切ったり、おかしな細胞に時限爆弾を仕掛けて自爆（アポトーシス）させたりします。最近も、新たに発見された大腸がんを増やすタンパク質ナルディライジンを、P53が調節することがわかりました。ですから、P53が壊れると守護神が炎上する事態になり、野球にたとえると最後に逆転満塁ホームランでがんに負けてしまうことになるでしょうか。

こうしたがん遺伝子・がん抑制遺伝子は、細胞死の誘導・細胞増殖の抑制・DNAの修復などに関わるものが多いのです。これらの遺伝子が変異を起こし、壊れて制御が利かなくなることが発がんの一因とされています。変異の原因は、化学物質・活性酸素・放射線・ウイルス・加齢などさまざまであることは、すでにいろいろなところで取り上げられていて、ご存じかもしれません。

たくさん食べて太るたちの人は、腹圧がかかって食べたものが逆流しやすく、これを繰り返すと逆流性食道炎になります。やがて食道の粘膜がでこぼこになってしまい（バレット粘膜）、これは前がん病変といわれています。

欧米人、とくに白人は逆流性食道炎からがんになる人がとても多いです。ワシントン大学の研究チームは、食道がん患者２３９０人、バレット食道３１７５人、健常者１万１２０人の遺伝子を調べ、逆流性食道炎からがんを引き起こす「食道がん遺伝子」を見つけました。欧米的な食事のせいでしょう、日本人にも逆流性食道炎が増えていますが、不思議なことに逆流性食道炎から食道がんになる人は意外と少ないのです。日本人は胸焼けや胃もたれなどの症状はとても出やすいのに、それ以上の発がんまで至る人が少ないのは、遺伝子が違うからかもしれません。

逆に日本人の特徴として、お酒に弱い遺伝子を持つと食道がんリスクが上がるとする報告もあり、地域や人種によりがんリスクが異なるのは興味深いことです。

かぜやインフルエンザと闘う「免疫遺伝子複合体」はあるけれど……

ここでは、身近なかぜやインフルエンザと遺伝子の関係をお話ししましょう。

こういう敵のウイルスに対して、おもに細胞表面にある糖タンパク質の「主要組織適合遺伝子複合体」（ＭＨＣ分子）というものが、体内に入ってきた異物と認識して免疫反応を起こし、ウイルスと闘います。ヒト白血球抗原（ＨＬＡ）はＭＨＣの一つ。臓器移植の拒絶反応も同じ仕組みで起こります。わかりやすくいえば、ＭＨＣやＨＬＡは自分の細胞に共通するパスポート番号やマイナンバーカードのようなものでしょうか。違っていれば、検疫で厳しいチェックを受けることになります。

ＭＨＣに関わる遺伝子は、いくつかの場所に多くの遺伝子のパターンを生じていて、個体差が非常に大きいものです。遺伝的に決定されていても、「かぜを引きにくい遺伝子はこれだ」「遺伝子がこうなっているから免疫力が強い・弱い」とは、なかなかいえません。「バランスのとれた食事や規則正しい生活で、免疫力を高めましょう」とよくいいますね。でも、じつは、免疫力を測る適当な物差しが、いまのところ存在しないのです。

私が出た京都府立医大の第一内科は、もともと免疫内科で、免疫が暴走してしまった患者さんが全国から大勢見えました。当時の経験をお話しすると、「免疫が強い」

イコール「健康で元気」という感じでは、まったくありませんでした。「自己免疫疾患」といって、免疫が暴走しリウマチや膠原《こうげん》病を発症するなど、むしろ免疫は危ないと感じるケースが多かったのです。免疫は遺伝子が関係していても、その効果を評価しようがない、というのが残念ながら現状です。

私は京都時代に、本庶佑《ほんじょたすく》先生が顧問を務め、京大と京都府立医大がジョイントした「京都免疫ワークショップ」の役員（企画委員）をしていました。そこで免疫についての研究がさかんにおこなわれ、そのなかの研究成果が、本庶先生のノーベル生理学・医学賞受賞につながりました。先ほどの〝免疫の物差し〟も、そのときから免疫研究の重要なテーマの一つです。

最近では、インフルエンザや新型コロナウイルスの重症化に関わる遺伝子が見つかってきています。インフルエンザではＩＬ－１（インターロイキン１）遺伝子のパターン、新型コロナでは前述のＨＬＡ遺伝子のタイプＡ24を持っているとコロナのデルタ株で重症化しやすいことが報告され、日進月歩でこの分野の研究が進んでいます。

花粉症の人を苦しめる「花粉症遺伝子」が多数見つかっている

「花粉症」と呼ばれる季節性アレルギー性鼻炎は、正確な患者数がわかっていません。有病率は、全国で約３割とも４割ともいわれ、いまや患者３０００万人以上と超弩《ちょうど》級《きゅう》の〝国民病〟です。うち約70％が「スギ花粉症」。スギはほぼ日本にしか生えない木で、花粉症が大問題という国は世界で唯一、日本だけなのです。

花粉症の人とそうでない人の遺伝子は、大きく違います。患者と、患者以外でアレルギーを起こさない人の研究では、患者だけが2倍以上を持つ遺伝子が32種類見つかりました。10倍以上と高い「花粉症遺伝子」は、タンパク質分解酵素を阻害するように働く「ＣＳＴ１遺伝子」と、腸のラクトフェリン受容体（お乳・唾液・涙・鼻汁などが含むタンパク質にくっつく）の「ＩＴＬＮ１遺伝子」が報告されています。

とくに後者は、腸に出るものが気道にも出て気道アレルギー疾患に関係する、興味

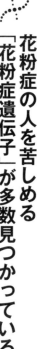

深い遺伝子です。花粉症は食習慣と関係があるかもしれません。

花粉症は、ある日突然、発症します。コップに水がたまるようなことが起こっていて、縁の1ミリ手前でも何も起こらないのに、あふれた瞬間スイッチが入って発症します。コップの水にたとえられるのが、ＩｇＥというアレルギーに関する免疫タンパク質です。コップにたまるペースは、人それぞれです。これには遺伝子が関係しているかもしれません。

父親・母親とも花粉症なら、子どもは花粉症遺伝子を引き継ぎますが、問題は曝露《ばくろ》量です。一定量の花粉を吸い込まなければ発症しません。飛んでいて吸い込む花粉の量は、地域でも、地形や風向きでも、集合住宅と一軒家でも違いますから、環境の影響はとても大きいのです。アレルギー反応が出てもおかしくない人で、花粉を吸い込んでも発症しない人が3割ほどいる、ともいわれています。

以前、私が主宰していた研究グループ（東北大学先進医工学研究機構特別タスク一石グループ）は、花粉症の発症予防に関わる遺伝子群や代謝物を、最先端の網羅的解析技術で発見し、その成果を学会誌に掲載し、特許公開をおこなっています。

ですから、発症しそうだとか発症予防に関わるそれらの遺伝子や代謝物が、有効な〝発症予測マーカーや発症予防マーカー〟となり、環境暴露について「個人個人に合ったオーダーメイド予防医療」ができないかを模索しています。

遺伝子と病気は密接な関係がありますが、遺伝子を持っているから必ず病気になるというものではありません。だからこそ、病気をむやみに恐れず、遺伝子を鍛えることが大切なんですね。第4章でその話をしましょう。

第4章

遺伝子は鍛えられる！

——遺伝子の負の働きを抑え、よい働きをうながして、よい人生にできる！

遺伝子を鍛えろ
遺伝子を鍛えるために自転車通勤をしています
指先鍛えるためにあやとりをするよ
遺伝子を鍛えるためにお風呂も入るよ
ギャーーッ
健康のために死ぬタイプですなー

世界中で研究しているエピジェネティクス——"遺伝子その後"で、何をどうすればよいか

ここまで、おもに第1章で才能、第2章で性格、第3章で健康や病気に関係するさまざまな遺伝子を見てきました。これは2万何千もある遺伝子のほんの一部で、背が高い・低い遺伝子も、巻き毛・直毛遺伝子も出てきていませんね。全部紹介したら、名前の羅列だけで何冊の本が必要になることでしょう。そんな膨大な数の遺伝子がいくつかのパターンをともない、みんなで生まれつきのあなたを決定しています。

でも、遺伝子の決定がすべて、ではありません。「運動でBDNF遺伝子を出し脳を元気に」「遺伝子のON・OFFスイッチ切り替え」「寝た遺伝子を起こす」と、しばしばお話ししましたね。遺伝子はDNA配列を変えずに「修飾」され働きを変えるが、可逆性がある（元に戻れる）こともわかっています。

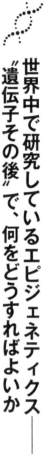

生まれつき不変である遺伝子の働きがあとで変わること、またはその研究を、「エピジェネティクス」といいます。いま世界で多くの研究者に注目され、猛スピードで拡大し発展している学問分野です。

これは、個体発生は受精前から複雑な成体（大人）の原型があるのではなく単純な受精卵から複雑な器官がつくられていくという「後成説＝エピジェネシス」と「遺伝学＝ジェネティクス」という2つの言葉からつくられた造語です。

つまり、〝遺伝子その後〟という意味です。狭い意味ではDNAメチル化などの遺伝子修飾を指しますが、広い意味では後天的に遺伝子の働きを変えるすべてをエピジェネティクスといいます。遺伝子のON・OFFスイッチもそうです。

では、遺伝子を鍛え、その働きを望ましい方向に変えていくには、どうすればいいのでしょうか。この章では、私たちが実践できるエピジェネティクスの話をします。

遺伝子が同じ一卵性双生児でも後天的な環境で人生が激変する

エピジェネティクスは〝環境〟と遺伝子の問題です。

ある遺伝子セット（ゲノム）を持って生まれた赤ちゃんは、さまざまな環境にさらされ、数えきれない体験を重ねて大きくなり、長ければ１００年後でも元気に活動します。この過程で、赤ちゃんが生まれつき（先天的に）持つもの以外に（後天的に）与えられた環境は、どのくらい影響するのでしょう。

たとえば読書好きの大人は、生まれつき本好き？　両親に本を与えられたから本好きになった？　あるいはその両方？　ならばその割合は？――こんな問題に、人びとは昔から強い関心を寄せてきました。

その関心から絶好の研究対象とされたのが「一卵性双生児」です。

すべてのヒトは、父親の精子と出合って受精した卵子（受精卵）が出発点です。この細胞が分裂を繰り返して身体がつくられていきます。受精卵1個がそのまま大きくなる場合がほとんどですが、まれに受精卵が2個に分かれ、それぞれが大きくなる場合があります。これが一卵性双生児です。２人の遺伝子は「ほとんど１００％」同じです。性別も血液型も必ず一致し、顔もそっくりなのです。

ただし、一卵性双生児３８１組を調べた最近の研究で、遺伝子がまったく同一といえたのは約1割でした。受精後の卵子に生じたいくつもの変異を、両方が受け継ぐ場合と、一方だけが受け継ぐ場合があるからです。だから、親でも区別できないほど似た双子もいれば、似ているがやや違う双子もいます。

同じ双子でも「二卵性双生児」は、別々の卵子に別々の精子が、同じころ受精して同時に生まれてきます。ですから、遺伝子・性別・血液型・顔立ちなどは、ふつうのきょうだい同士が違うように違っています。

ところで、遺伝子がほぼ同じ一卵性双生児は、子ども時代の環境――親の育て方・住む家・食事・睡眠・運動の習慣などがほとんど同じはずですね。その２人が第二次世界大戦で離ればなれとなってしまった事例が多数あります。その研究から、大人になってからの生き方や考えが大きく違い、一方はアルツハイマーを発症したが他方はピンピン元気、といった例が少なからずあるとわかりました。

後天的な環境は、双子の顔を変えなくても人生を激変させます。しかも変える程度は、子ども時代の環境（2人に共通する親や家庭の影響）より、その後の環境のほうが圧倒的に大きいのです。自分で努力してつくった環境も含めて、ということです。

そもそも子どもは両親の遺伝子を半分ずつランダムに受け継ぐから、片方には最大でも半分しか似ないわけです。たとえば性格に関係する多数の遺伝子は両親どちらとも違う組み合わせになり、両親と必ず違います。それが外部から多種多様な影響を受ければ、子が親と似ても似つかぬ人になるのも、親とまったく異なる人生を歩むのも、不思議でもなんでもない、ごく当たり前の話です。

ですから、自分は親と同じ病気になる、親と同じだから自分の性格は直せないなどと決め込むのはナンセンスです。親から特定の遺伝子を引き継いだとわかり、病気の発症確率が何年後何％と計算されたとしても、なお遺伝子に働きかけ、遺伝子を鍛える大きな余地があるんです。このことを、どうか忘れないでください。

心の健康には、適度な運動や和食がいい

古代ローマでは「健全な身体《からだ》に健全な魂」といいました。健全な身体をつくれば魂（心や精神）、つまりはその実体である脳も、健全になっていくと思われています。

ただし、この言葉の言い出しっぺ、詩人ユウェナリスは「健全な身体の健全な心を（与えてほしいと神に）祈るべきだ」といったのです。死を怖がったり、いたずらに長寿を求めたりせずに、といいたかったことが文脈からわかります。

「健全な身体にこそ健全な心が宿る」ととると、身体が健康でない人は心も健康でない、と誤ったメッセージを与えることになります。そんなことはありえないですね。

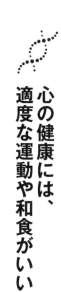

とはいえ、メンタルヘルス（心の健康）を高めるには、健康的な生活習慣が欠かせず、適度な運動やバランスのとれた食事・栄養がきわめて重要です。

ＢＤＮＦ遺伝子のところで（31ページ）私は歳をとると論理的思考力が弱まるタイプといいましたが、別の研究によると、ＢＤＮＦの遺伝子タイプにより運動をおこなうと活性化するタイプがあるとわかりました。調べたら私もそうだったので、ひと安心です。「素質的には歳をとるとボケる恐れがなきにしもあらずだけれど、運動すれば大丈夫だよ」とアドバイスされたと思って、運動に精を出すつもりでいます。

瞑想や座禅も、宗教者はじめ多くの人びとが、何千年も前からおこなってきました。それでひらめきを得た人や心の平静を保った人はいても、逆に身体が不調になり病んでしまったり体調が悪化してしまったりという話は、あまり聞いたことがありません。

「マインドフルネス」は、いまこの瞬間の自分を、とらわれなく評価もせずに、ただ観る。その意識で心を満たし自分を受け入れる。――このことが精神の健康をもたらすという実践法です。いま、医療や治療に広く取り入れられています。

食に目を向ければ、和食は世界に誇るべき健康的なバランスよい食事です。ビタミンや亜鉛などの研究も急速に進んでいます。
まずは、運動で遺伝子を鍛える話から始めましょう。

歩けば、ひらめく　どんどん歩いて脳を元気にしよう

ウォーキングを日課にしている方はいらっしゃいますか？　そんなあなたは、知らず知らず遺伝子を鍛えている人です。

散歩するとひらめく、とよくいいますね。東北大の私の後輩に、仙台の青葉山を早足で歩くことを習慣にしていた人がいます。ぐるっと一回りと歩いてきた彼が「先生、浮かびました！」ということが、しばしばありました。いまは産学連携の会社をつくって活躍する有名なアイディアマンです。

ベートーヴェンは散歩が日課で、歩きながら曲想を練りました。哲学者カントも午後決まった時間に散歩に出ました。あまりに時間が正確なので、町の人はカントの姿

を見て時計の針を合わせたなんて話が伝わっています。

哲学者はギリシャ時代から歩いていました。「対話」や「問答」こそ真理にたどりつく方法と考えたソクラテスは、体操場へ行き帰りする若者をつかまえては、議論をふっかけていたそうです。「歩きながら話そうじゃないか」といったに違いない、と思いますね。学園リュケイオンを開いたアリストテレスも、そぞろ歩きながら講義をしました。学徒たちは「逍遥《しょうよう》学派」と呼ばれました。

最近では、歩くことで脳が活性化するという本をよく見かけます。「運動脳」という言葉も耳にしますね。運動して移動するために脳は羅針盤のように存在していて、はるか原始時代から脳は〝運動して移動するために〟できていた。この脳と運動の関係を見直そう、という本が世界的ブームになっています。〝歩くと何かひらめく〟というのは、太古の昔から当たり前のことだったかもしれません。


ヒトは直立二足歩行によって脳を大きくしました。同時にヒトは、歩くことで人類特有の遺伝子を活性化し、脳を元気にしたのだ。どうもそんな気がします。

歩くこと（ウォーキング）は、老若男女を問わず手軽にできるすばらしい運動です。どんどん歩いて遺伝子を鍛え、脳を活性化させてください。飛んだり跳ねたりしないから安全で、ひざや腰の調子がよくない人も様子を見ながらできます。ある程度歩けば「有酸素運動」となって、肥満解消、血中の中性脂肪の減少、血圧や血糖値の改善、心肺機能の改善などにもつながります。

有酸素運動は、徒歩・長距離走・ダンス・自転車・ゆったりした水泳など、糖質や脂肪を酸素とともに消費する運動で、ようするに脂肪をエネルギーとして燃やす比率が高いものです。無酸素運動は、短距離走・重量挙げ・レスリング・短距離の水泳など、酸素を使わずに筋収縮のエネルギーを発生させる運動です。多くのスポーツは有酸素・無酸素運動どちらも含みますが、身体に一定の負荷をかけながら長時間続ける運動は有酸素運動と思ってかまいません。

ちなみに私の研究室では、ラットに有酸素運動をさせて網羅的に遺伝子を調べ、「肝臓内の運動遺伝子」を世界で最初に発見しました。

身体を動かす大きなモチベーション（動機）やそれの習慣化には、トレーニングの相方を見つけるのがいちばんでしょう。夫婦でもご近所さんでもいいですね。誰かと一緒に歩数計を付けておこなうことで、よいトレーニング・ルーティンになります。毎日仕事で忙しく動き回っているから、わざわざ運動するまでもない？　いやいや、歩数計を付けてみてください。私を含めて意外に歩けていません（笑）。かなり動いたと思い歩数計を見たら残念、４０００歩足らずでした。さあ、迷わず運動です。

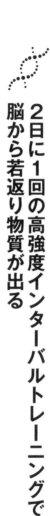

２日に１回の高強度インターバルトレーニングで脳から若返り物質が出る

もし、あなたが、弱った遺伝子によって脳機能が落ちてくると早くにわかっていたら、運動することが大切です。「今日の一針は明日の十針」といいます。早めの予防策を講じて、若返り物質を分泌促進させれば、細胞を若いままに保つことができるでしょう。

なぜなら、運動によって骨や筋肉が刺激されて、骨からはオステオカルシン、筋肉からはマイオカインという〝若返り物質〟が分泌されるのです。それらが脳細胞に働きかけて認知機能に影響しているという報告が増えています。なかでも脳で重要な役割を果たしているBDNFが、マイオカインの一種として捉えられていることに注目です。ここでは、そんな若返りが期待できる運動の一つを紹介しましょう。

高強度インターバルトレーニングは、限界に近いと思えるような激しくきつい（「高強度」といいます）短時間の運動を、短時間の休息か緩《ゆる》い運動をはさんで繰り返すトレーニングです。

トレーニング時間は全体で2〜30分程度。うち高強度運動が3〜10セット、間の「休息または低〜中強度運動」も同じ回数です。高強度運動と休息・低〜中強度運動の時間を2対1にすることが一つの目安で、たとえば全力疾走20〜40秒と、ジョギングか歩き15〜20秒を、3回以上やります。高強度運動の具体的な内容は、全力疾走・スクワット・腕立てふせ・ボートこぎなどお好み次第で何でもOKです。ウォーミングアップとクーリングダウン（例：始める前の準備体操やストレッチと、終わるときの軽いジョギングやストレッチ）は忘れずにしましょう。

このトレーニングは、グルコース代謝（筋肉にある糖の消費）をよくし、脂肪を燃焼させて運動能力を高めるとともに、脂肪が燃焼しやすい状態を長く維持させます。海馬や前頭前野など脳の重要な部分の血流が増えることもわかっています。筋肉増強や脂肪を落とすだけでなく、脳を鍛えて神経細胞を増やし脳を元気にする効果が、おおいに期待できるのです。

私は福岡にある「みらいクリニック」が公開している高強度インターバルトレーニング（ＨＩＩＴ）を、今井一彰院長の許可を得てＤＶＤで講演に使っています。若い方からお年寄りまで取り組めるプログラムのわかりやすい動画がどこでも大好評です。

ちなみに私は2日に1回、自分のマックスに近い激しさで「腕立てふせ20秒、休み10秒」あるいは「自転車のゴムチューブを左右上下に引っ張る20秒、休み10秒」を4セットやっています。たった2分しかかかりません。私は2日に1回やりますが、じつは3日に1回くらいでもいいのです。運動の効果は72時間くらい続くとされ、2〜3日に1回でも脳由来神経栄養因子ＢＤＮＦが出ます。

レジスタンス・エクササイズは、筋肉に抵抗（レジスタンス）をかける動作を繰り返す運動です。ダンベルやマシンなどの器具を使っても、スクワットや腕立てふせなど自分の体重を利用してもかまいません。ダンベルは重さで、マシンはダイヤルを回して負荷の大きさを調節します。器具を使わない場合は、スクワットでしゃがみ込む深さを変えたり、手をついておこなったりして調節しましょう。

回数は10～15回の反復で1セット。1～3セットを1日1回。これを週に2～3回やるというように、間隔をとる必要があります。筋肉に強い負荷をかけるので、筋肉の回復時間をたっぷり取らなければいけません。無理は禁物です。少ない回数で継続することが大事です。毎日おこなう必要はないので続けやすいと思います。

幼いうちから遺伝子を鍛えるのが大切
指先を使う訓練は効果絶大！

遺伝子を鍛えるには、幼いうちから身体を使うことが、とても大切です。とりわけ〝3

歳まで〟が重要なカギといわれています。脳は3歳までに8割方できあがり、長い人生の土台がほぼ完成するからです。

この段階で脳を刺激して脳を活性化すればするほどよい土台ができ、その後の成長が加速され豊かになります。3年耕《たがや》しつづけた田畑には数十年の豊穣を期待できるんですね。文字どおり「三つ子の魂百まで」です。

たとえば3歳児クラスには、生後約4年の子と約3年の子が一緒にいて、人生経験が1・33倍も違います。この時期の1年の違いは大きいと思います。ですから、比べて焦る必要など全然なく、遅れているのではと無理な詰め込みをしてしまったら逆効果です。その子なりのペースを大事にして地道に耕すのがよいでしょう。3歳くらいまでに、さまざまな情報をインプットし、さまざまな体験を重ねることは、子どもに言葉や行動の意味がわからなくても、子どもの脳にとって大きな意味があるのです。

ここで指先と脳の関係について触れましょう。赤ちゃんを指でつかまらせるだけでつり上げ、幼児に雲梯《うんてい》をさせてトレーニングしたお母さんがいます。その子どもが競泳の池江璃花子選手。能力開発教育の先生でもある母の池江美由紀さんは、小さいうちにやらなければダメだ、という信念があったといいます。なんと、ご自宅の天井には雲梯が設置されているそうです。

指先を使う訓練は、とても理に適《かな》っています。赤ちゃんは手指の力が驚くほどあって、反射的に何かを強く握ります。移動中の母猿にしがみつく子猿の映像を見たことがありませんか。あれと同じです。樹上にいたり猛獣から逃げたりする母親から落ちれば、大ケガどころか命すら失いかねない危険にさらされるでしょう。子猿は、つかんだ手指を緩めても離してもいけない課題を突きつけられているわけです。これが脳の発達に強く影響します。人類や霊長類の生存戦略の一つかもしれませんね。

神経が集中的に張りめぐらされた手指は、非常にきめ細やかに動かせます。これには脳の運動野ばかりか脊髄の神経も多く関わっています。第3章で「脳腸相関」の話をしましたが、「脳指相関」もあるに違いないと思えます。

バイオリニストやピアニストなどの音楽家や、手先を使う工芸家や職人さんが典型的ですが、仕事でさかんに手を動かす人は、高齢になってもボケにくいと昔からいわれます。まわりを見回しても、これは実感できます。脳と手指の抜きがたい関係を示しているでしょう。

もちろん、遺伝子を鍛えるのはシニア世代からでもまったく遅くありません！

最近の研究により、60代、70代以上のシニア世代でも、さまざまな刺激により海馬の細胞が増えたり、脳の神経細胞が増えたりする可能性が十分にあることが、東京大学大学院久恒《ひさつね》グループの老齢サルを使った実験で明らかになりました。人生復活のチャンスもあるかもしれません（笑）。まだまだ、あきらめてはいけないのです。

1万2000食材を駆使した和食が日本人の遺伝子を鍛えてきた

次は食の話です。日本人が昔から食べてきた和食には、遺伝子を鍛える効果を持つものがたくさんあります。

和食の基本「まごわやさしい」とはよくいったもので、豆・ごま・わかめ・野菜・魚・

しいたけ・芋の頭文字７つのことです。豆の大豆で私が思いついたのは、味噌・しょうゆ・納豆・豆腐・凍り豆腐（高野《こうや》豆腐）・おから・豆乳・きなこ・油揚げ・がんもどき・もやし・枝豆ですが、まだあるかもしれません。

春は山菜やタケノコ、夏はスイカやトウモロコシ、秋はキノコやサツマイモ、冬は白菜やみかんに寒ブリと四季折々、旬の食材をみんな楽しみに食べます。正月には「七草」なんていって、雑草みたいなものまで、お粥に入れて食べてしまいます。

日本にある食材は１万２０００種といわれ世界一です。「日本の食生活全集」という県別と索引で全50巻の本は、全国３００地点５０００人から聞き書きして５万２０００点の料理を収録しているそうです。この全集に載っている料理を、毎食１つずつ食べたら、じつに48年もかかってしまいます。

だから、日本人が昔から食べてきたものを、何でも食べるのがよいですね。というのは、すでにお話ししてきたように、日本人は気に病みがちな遺伝子や肥満になりやすい遺伝子を持っていますし、心臓病やがんなどにもなりやすい体質があります。

にもかかわらず日本人は、「健康寿命」（２０１９年に男女平均74・１歳）が世界一長いのです。73歳台はシンガポールと韓国だけで、72歳台は世界に6か国しかありません。「平均寿命」(同じく84・3歳)も世界一。それぞれ0歳児が何歳まで健康でいられるか、生きられるかを示す数値です。ごく最近1位が入れ替わったという話もありますが、トップクラスであることに変わりはありません。

ということは、もともと持っている遺伝子にもまして、後天的な環境が寿命を押し上げている可能性が高いといえるでしょう。その一つが和食で、和食を中心としたバランスのよい食生活が日本人の遺伝子を鍛え上げた、と考えてよいと思います。

もちろん、上下水道が整備され衛生環境がよい、医療水準や健康意識が高い、国民皆保険制度で病院にかかりやすい、日本人は風呂によく入るといったことも、寿命の押し上げに影響しているに違いないでしょう。

湯船につかる国は、海外ではあまりみられません。湯船で温まることには効用がたくさんあるんです。第3章で温度センサーのお話をしましたが(134ページ)、詳しくは「食」のお話のあとで、お伝えします。まずは、たっぷり湯船にお湯が張れる、水資源が豊かな日本の風土に感謝したいですね。

「オメガ３系脂肪酸」などのよい油を摂らないと健康に長生きできない

日本人の食事は、エゴマ油やアマニ油に含まれる「α《アルファ》－リノレン」酸や、サバやイワシなど青魚に豊富なＥＰＡやＤＨＡなど「ω《オメガ》３系脂肪酸」が多く含まれ、とても健康によいといわれています。ところが、欧米人の食事は、リノール酸などの「ω６系脂肪酸」の割合が高いものです。植物油の消費や、トウモロコシ飼料で育ちω３系脂肪酸が少ない家畜が増えたことがおもな理由とされています。

どちらも必須脂肪酸として摂る必要がありますが、ω６系の比率が高すぎると心血管疾患・骨粗しょう症・炎症・自己免疫疾患はじめ、さまざまな病気の発症率が上がります。

以上は不飽和脂肪酸の話で、肉や乳製品が含む飽和脂肪酸の話とは別です。油は油でも性質がかなり異なることには注意が必要です。こちらを摂りすぎる高脂肪食は、コレステロールを増やし、循環器系の病気や生活習慣病につながりかねません。

長寿遺伝子のところでお話ししたように、日本人の食生活は戦後、欧米化が進んで弊害も生じています。飽食の時代、和食に立ち戻りつつ、洋食、中華、エスニック食を含め、多くの食材を摂ることが健康長寿の秘訣ではないかと考えています。

アメリカ・ジョージア医科大のマウスを使った実験では、高脂肪食が脳の免疫系を担う細胞「ミクログリア」の暴走をもたらして脳機能を損なうことがわかりました。

ミクログリアは、ふだんは何もせず、神経細胞に異常が生じると修復や残骸の掃除をします。でも暴走すると、正常な神経細胞まで壊してしまいます。この暴走がアルツハイマー型認知症・ダウン症・筋萎縮性側索硬化症（ＡＬＳ）などに関係しているのでは、と考える人もいます。そして、ミクログリア暴走が〝ファストフードばっかり〟のような餌を与えつづけたマウスで起こったのです。

ネズミと人間は遺伝子の8割ほどが共通ですから、ネズミで起こることは、けっこうヒトでも起こるでしょう。脂っこい食事には、気をつけたほうがよさそうですね。

このミクログリアの働きに「油のよしあし」が関係しているという研究が増えています。高脂肪食に気をつけるといっても、油の質を考えなければ、脳の機能が年齢とともにどんどん弱ってくるかもしれません。

「水と油」という言葉がありますが、私たちの人体にも〝水の世界〟と〝油の世界〟があり、水の世界の研究は進んでも、油の世界は別なので解明が進まないことが多々あります。たとえば「リノール酸」という油は、昔は健康オイルともてはやされコマーシャルも大々的にやっていましたが、いまは一転〝悪さをする〟油の代表格になってしまいました。油の世界と健康問題はこれからも重要な研究課題です。

牡蠣や鰻、レバーに含まれる亜鉛はおすすめ！細胞を元気にして、うつっぽさを予防する

一時、新型コロナの後遺症として味覚障害が起きると、よく報道されました。

以前から、味覚障害の原因の一つとされているものに亜鉛不足があります。人間の身体には亜鉛が欠かせません。「亜鉛欠乏症」の発見は1950年代。最近は、亜鉛が細胞内の情報伝達をコントロールしており、「亜鉛シグナル」という信号の異常が病気の発症や病態と密接に関係する、とわかってきました。

最近では、亜鉛不足が免疫細胞を弱体化してコロナに感染しやすくなるのでは、というスペインの報告もあります。やはり、亜鉛不足⇅コロナ感染しやすい⇅味覚障害というのが、昨今の一連の流れで存在するのかもしれません。

「亜鉛トランスポーター」という分子が運ぶ亜鉛は細胞内にある250種ほどの酵素に関係し、エネルギー代謝や内分泌、皮膚や骨、炎症・加齢・がんなどのプロセスを調節します。亜鉛が足りていれば、細胞は元気でかぜを引きにくい、ケガが治りやすい、うつっぽくなりにくいといった効果が期待できます。うつっぽい患者さんに私は、「亜鉛をしっかり摂って細胞を元気にしましょう」とよく話します。トランスポーターは多くの種類があり、持っている遺伝子によって輸送機能が弱い人もいますが、亜鉛自体を摂れば遺伝子を鍛えることにつながると考えられます。

ちなみに私の遺伝子タイプは〝ふつう〟でした。この遺伝子タイプが弱っている人は、血中亜鉛が低い傾向になります。

亜鉛を多く含む牡蠣《かき》やレバーを、私は意識してよく食べるようにしています。海から遠くて牡蠣を食べる習慣がない、レバーは臭いが苦手という人も、頑張って食べましょう。亜鉛入りサプリメントは、吸収の度合いがはっきりしないことが少なくないので、天然の食材をよくかみながら口から自然に摂ることをおすすめします。

亜鉛の血中濃度は高齢になるほど下がります。加齢によって亜鉛の吸収能力が弱まるのか、排泄能力が強まるのか、保存機能が弱まるのか、理由はよくわかりませんが、下がることは確かです。高齢の方は亜鉛を積極的に摂ってください。

亜鉛は海水に多く含まれますので、海産物はおすすめです。貝類は海水を濃縮して吐き出すことをしますので、亜鉛も濃縮されていると考えられます（その代表格が牡蠣です）。海苔や海藻類もよいでしょう。また、最近は漁獲量が心配される鰻も亜鉛が豊富からか、元気一杯、世界中の海や川で泳ぎ回っていることがわかってきました。

稚魚であるシラスも成長まっただなかで元気があり、亜鉛が豊富なことが知られています。

さらに野菜では、伸び盛りのタケノコや枝豆も亜鉛が豊富です。日本人が好きなものがたくさんあって、ありがたい限りですね。

注目のビタミンDでアンチエイジングと長寿をめざそう

第3章では、ビタミンCについてお話ししました（150ページ）。いま、栄養に関連して注目されているのがビタミンD。長寿ビタミンでないかといわれています。

以前は「骨にビタミンD」といわれ、骨粗しょう症の治療薬として有名でした。最近ではコロナ禍において、がぜんビタミンDに光が当てられ、「ビタミンDを摂取するとコロナで重症化しない」という衝撃的な報告が出ました。

近年は、アンチエイジング研究においても「ビタミンDは長寿に関係する」と話題になってきていました。今回〝コロナで重症化しない〟のも、感染死を防ぐことにつながり、長寿の条件となりうるだろうと思います。ビタミンDは骨だけでなく免疫細胞にも取り込まれ元気にするほかにも、身体のさまざまな細胞に働きかけ〝長寿ホルモン〟として機能するのではと考えられています。

ちなみにビタミンDが多いのは、イワシやサンマ、鮭などの魚類やキクラゲ、しいたけなどのきのこ類が挙げられます。いずれも日本人が大好きな食材ですね。

これらビタミンDの作用の仕組みも解明されつつあり、遺伝子レベルで変化が起こっていることが明らかになってきました。ビタミンD受容体はスイッチオンになると転写因子に作用しDNAに結合して、遺伝子レベルでの細胞調節をおこなうことがわかってきたのです。

長寿ホルモンであるビタミンDでスイッチオンになる遺伝子に、新たな長寿遺伝子が隠れているかもしれません。今後の研究に大いに注目です。

健康寿命を延ばす入浴は「温度センサー遺伝子」も発動させる？

あなたは毎日お風呂に入りますか？　湯船につかる派、シャワー派ですか？　家庭風呂も温泉も身体の血流をよくしますから、入浴の効果はてきめんです。冷え性が身体にプラスという話は聞いたことがありませんが、温めることが身体によいという話は、温熱療法をはじめ山ほどあります。

最近は疫学的に――言い換えれば集団内での出来事の頻度・分布・要因などを研究調査した結果、お風呂や温泉によく入る人は一様に健康寿命が延び、要介護者が3割ほど減ることがわかってきました。

お湯につかると身体が赤みを帯びてきます。湯が熱いと身体をチクチク突き刺されるようにも感じます。身体のあちこちがむずむずしたり、ほぐれたり、かゆくなったり（入浴後かさかさ肌がかゆくなるのとは別）します。血流がよくなるからで、皮膚のすぐ下では末梢血管が開くから赤く見えます。

こうしたことは誰でも実感していますが、見えない脳内や内臓の血流も当然よくなっています。遺伝子を鍛えることにつながらないはずがありません。


熱い風呂と冷たい風呂に交互につかる「温冷交互浴」（温冷浴、温冷交代浴とも）は、血管の開閉がより頻繁・大幅になって、疲労予防や回復効果が大きいとされます。この方法は古代ローマでも流行っていたようで、浴場の遺跡を見ると温浴の場所と冷浴の場所が設けられ、みんなが行き来できるようになっていました。

現在でも銭湯は似たような造りになっていて（笑）、温冷それぞれの浴槽を備えた施設は、銭湯だけでなく温泉・サウナでも多いのです。自宅では、熱い浴槽しかなくても、出て冷たいシャワーを浴びてまた入るのを繰り返せば同じことですね。

温冷交互浴は、人間が遺伝子として持っている、17℃～43℃で働きはじめるすべての温度センサー（ＴＲＰチャネル）のスイッチを入れることになります。だから効果絶大なのではないでしょうか。17℃の冷水にザブンと飛び込むと、４億年前の冷温スイッチTRPA1遺伝子がよみがえる。43℃に飛び込むと、二酸化炭素が多くて地球が暑かった時代のTRPV1遺伝子がよみがえる。そんなトリップを繰り返すと身体が整っていく。残念ながら証明してくれた人はいないですけれども（笑）。温泉については、温泉遺伝子のところ（134ページ）でも熱く語っています。

お風呂が大好きな日本人は、毎日のお風呂で健康寿命を延ばしているかもしれません。週5回以上お風呂に入るグループと入らないグループとでは、心血管細胞の元気度に差が出ることが愛媛大学の研究でも明らかになっています。

毎日身体を温め、血流を促進して浮力効果でリラックスする。そんな日本人のお風呂好きという環境要因が、健康寿命の延伸につながっているかと思います。若い世代の多くはシャワー族という話を聞いたことがあります。マンションのバスルームで手っ取り早くシャワーで済ませてしまう状況は、わからないでもありません。

ぜひ時間やスケジュールを工面して、ゆっくりお風呂に入ってほしいなと思います。

ただ入浴には注意点もあります。雪が降るなかの露天風呂なんて、ものすごく気持ちいい。ただし、内科医の立場から強調させていただきますと、入浴にはさまざまな危険がつきまといます。

お風呂で亡くなる人は全国推計で年に約１万９０００人（２０１３年度の厚生労働省研究事業による）。交通事故の死者数は２７００人以下（22年、警察庁による）。お風呂のほうが、なんと〝7倍〟も死者が多いのです。年に５０００人ほどいる浴槽内の溺死者も含めて、ヒートショック（急激な温度変化で血圧や脈拍が乱高下すること）で脳出血・脳梗塞・心筋梗塞・大動脈解離《だいどうみゃくかいり》などを発症して倒れてしまう人が、とくに高齢者で多いと考えられます。

「ああ極楽だぁ」といって湯につかり、極楽どころかあの世に行ってしまったら大変です。とくに高齢の方は、次のような対策を心がけていただきたいです。

・入浴前に脱衣所や浴室をよく暖めておく（脱衣所の暖房、浴槽のフタをはずして湯を張る、浴室の壁や床に熱いシャワーをかけるなど）。
・かけ湯を手足からおこない、急激な温度変化を和らげる。
・湯温は41℃以下、お湯につかる時間は10分までが目安。

・浴槽から急に立ち上がらない（手すりを使う、背の高い椅子を使う）。
・食事の直後、飲酒後、薬の服用後、体調が悪いときの入浴を避ける。
・お風呂に入る前に家族に声をかけ、家族も入浴中の人の様子に気を配る。

持病のある人は、かかりつけ医に入浴の注意を聞くとよいでしょう。妊婦の方も注意が必要です。温泉や銭湯の脱衣所に掲げてある注意も参考になります。

瞑想アプリも活用しよう 瞑想で遺伝子が変わる

第2章でも触れましたが、瞑想には頭が冴える効果が期待されています（75ページ）。ここでは、もう少し瞑想についてお伝えしましょう。

2014年の興味深い研究があります。瞑想を8時間おこなったグループと、瞑想せずに静かな部屋で同じく8時間過ごしたグループで、血液中の免疫細胞の遺伝子を調べたところ、明らかに活性化している遺伝子が違っていたことが国際医学誌に発表されました。

瞑想により内分泌的な変化や脳の働きの変化などが起こり、血液中の細胞が遺伝子レベルで変化していることがわかったのです。今後は、このような変化した遺伝子のなかで、画期的な「瞑想遺伝子」が見つかってくるかもしれません。すでに、いくつかの報告が国際論文で発表されています。

また瞑想による臨床研究で、おなじみのＢＤＮＦが増えることもわかってきました。このことで、脳内の遺伝子の活性もいろいろ変わってくるでしょう。

最近では、多くの企業のメンタルヘルスケアに〝瞑想アプリ〟を用いた瞑想的手法（座禅やマインドフルネス的手法など）が用いられています。多くの女性誌でも瞑想的手法を用いたストレス解消法が紹介されるなど、メンタルヘルス改善への有効性が認識されはじめ、瞑想的手法へのニーズが高まっているように思います。

こうした背景が自殺防止策として、スマホでの瞑想アプリのリリースへとつながりました。今後、メンタルヘルス分野で瞑想的手法を用いたツールが、どんどん開発されていくでしょう。瞑想によって遺伝子レベルに変化のあることがわかってきたので、さらに〝瞑想で遺伝子を鍛える〟具体的なメソッドやプログラムが登場するかもしれません。

もっと音楽を聴く機会を増やそう♪ 音楽で遺伝子が活性化する

瞑想と同じように、音楽による刺激でも遺伝子が変わることが示唆されています。

2015年の報告で、モーツァルトの音楽を20分聴かせたグループとそうでないグループで、瞑想実験と同じく血液中の免疫細胞の遺伝子を調べたところ、音楽により活性化している遺伝子を発見しました。幸せや快楽ホルモンであるドーパミンに関する遺伝子、神経細胞の働きやエネルギー（ATP）に関する遺伝子の活性に変化が見られたというのです。

じつは、私が以前教授をしていた大学院（JAIST）における研究でも、音楽を聴きはじめた直後から脳波が大きく変化することを確認していました。ですから、音楽刺激によって脳を含む細胞レベルで迅速に大きな変化が起こりうるし、遺伝子レベルでも変化するだろうと予想していたのです。そのようなわけで、この研究結果には納得しています。

モーツァルト効果を含む音楽療法の評価には賛否があり、脳の刺激や発達に関する効果には論議がありますが、私は遺伝子レベルでの変化が起こりえて、遺伝子が鍛えられるだろうと考えています。これからの研究成果に大いに期待しています。

これで、受験生時代の人生初クラシック体験が眠っていた誠実遺伝子を鍛えて受験突破したのかも、という私のエピソード（92ページ）を納得していただけるかと思います。いまでもベートーヴェンやブラームス交響曲を聴くと「やる気」が起こるのは、そのせいでしょうか？

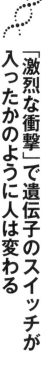

「激烈な衝撃」で遺伝子のスイッチが入ったかのように人は変わる

最後に一つ、〝究極のエピジェネティクス〟といえるかもしれない話をしておきます。いわゆる「人が変わる」——性格が大きく変わってしまうことは、極端に強い刺激を受ければありうることです。強く激しい刺激を受けると、対抗して生きようとする強い反応が生じる。これは生物や細胞の基本的なルールです。一瞬の激烈な刺激もあれば、弱い刺激が長期化することもあります。いずれにせよ刺激全体が大きければ、反応も人が変わったように大きくなるでしょう。

よくいわれるのは、お父さん型の遺伝子とお母さん型の遺伝子が2つ1組になり、一方が起きて他方が寝ているということです。潜在的に隠されていることを「マスキングされている」ともいいます。それが環境の激変で、寝ていたほうが起き、起きていたほうが寝てしまう。または、両方起きているが一方が他方を圧倒する状態になる。これも「遺伝子が鍛えられる」一つのあり方でしょう。

瞬間的な電気ショックをかけて細胞に小さな穴を開け、特定のＤＮＡを細胞に入れる手法があります。だから、といえば話が飛躍しすぎですが、〝火事場の馬鹿力〟のような出来事はありえます。人生に一度あるかないかという悲劇や大きな衝撃で、脳が大ショックを受ける非常事態では、人間の身体のさまざまなスイッチが入るだろう、と私は思っています。

私の恩師、母校のＹ元学長は学生時代に家が全焼してしまったそうです。家に帰ったら何もあらへん、教科書も幼いころからの写真もすべてなくなってしまった、といいます。ところが、すべてを失った絶望状態から立ち上がり、歴代最高といわれる学長になりました。それまでの成績は学年１００人中98番か99番で、やる気も全然なかったのに、絶望的な火事を境に、別人のようになったのです。

無限の可能性を秘めている遺伝子

私の弟は、勉強ができない落ちこぼれ同然でしたが、父が亡くなった直後に生まれ変わりました。ものの考え方も話し方も父そっくりに変わり、仕事もどんどんうまくいくようになったのです。父の死が大ショックだったことは身近でよくわかっていましたが、変わり方にはひどく驚きました。ボーッと眠っていた遺伝子がショックで起きたに違いない、としか思えない大変貌でした。

哲学者キェルケゴールは、「絶望」は人間だけがかかる病だが、それに目を背けず、いかに主体的に関わっていくかが重要だ。そこからこそ希望が生まれるのだ、と語っています。ピンチをチャンスに変える。絶望したときこそ「火事場の馬鹿力」で遺伝子が全開して生まれ変わり、よみがえるのかもしれません。

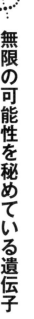

地球が誕生したのは、いまから45億年ほど前です。最初の生命体が現れたのは、さらに10億年後――いまから35億〜36億年ほど前とされています。そのとき生まれたのはＲＮＡだったのではないか、という説があります（ＲＮＡワールド仮説）。簡単に説明しましょう。

ほとんどの生物は設計図としてＤＮＡを持っているが、一部にＲＮＡしか持たない生物（かどうか微妙なものたち）もいる。ＤＮＡがＲＮＡの助けを借りている。生物はＤＮＡが遺伝情報を担い、その情報に基づいてタンパク質が生物としての活動を担うが、ＲＮＡは一人二役の機能を持っている。つまり遺伝情報も持ちつつ、酵素反応のようなタンパク質の役割も果たす、まさに「二刀流」なのです。太古の昔から分子の世界でもスーパースターが出現して、そのおかげでその後の生命の偉大なる進化発展があったのです。

――こんな現状から、太古をさかのぼると最初はＲＮＡだけ。それがのちにＤＮＡになったのでは、と考えるのは、自然といえば自然な考え方ですね。

原始地球にあったＲＮＡが、35億年という気の遠くなる年月をかけて変化し、いま地球にいる生物すべてを生み出しました。そうであればＲＮＡにも遺伝子にも、まさに〝無限の可能性〟がある、といえます。そんな無限の可能性を秘めた遺伝子が、あなたの細胞の一つひとつに入っているのです。

だから、あなたの遺伝子に思いをはせ、働きかけ、鍛えてください。そうすれば、あなたの可能性もまた、無限に広がっていくのではないでしょうか。

第5章

そもそも遺伝子ってなに？

――もっと遺伝子のことを知りたい人のために

親と子
娘
私の若いころにそっくり！かわいいわ～
僕の若いころにそっくりでキュート！
父
母
スタイルと愛きょうのよさと頭のよさは私に似てる
いやいや頭のよさと顔のよさスタイルは僕だね
私の遺伝子のほうが強いわ!!
僕の遺伝子のほうが強いよ!!
隔世遺伝ですなー
ズコ
テヘッ

ここまで遺伝子を鍛える話にお付き合いくださり、ありがとうございます。

冒頭で書いたように、本章では遺伝子やDNAとは何かという基本的なことを簡単にご説明します。コロナワクチンや遺伝子診断なども含め、これから私たちの生活や人生に関わる遺伝子について、広く理解していただけるかと思います。

親から子へ受け継がれている〝何か〟

カエルの子はカエル。ヒトの子はヒトです。トンビはタカを生みません。

ヒトのなかでも、同じ民族なら、みんな、どこかしら似たような人たちです。

そんな民族という大枠だけでなく、一人ひとりを個別に見ても、子の顔が親や祖父母のいずれかに似ていることが、よくあります。

だから、祖父母→両親→子→孫と身体を特徴づける〝何か〟が受け継がれているのではないか、動物も植物もきっとそうに違いない、と古代から考えられていました。

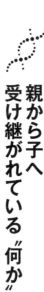

この受け継ぎが性行為によって起こることにも、人間は大昔から気づいていました。

三平方の定理で知られる紀元前５００年ころの古代ギリシャの数学者ピタゴラスは、男性の身体をめぐってさまざまな特徴を吸収した精液が、女性の子宮に入り、そこで栄養を得て赤ちゃんとなる、と唱えています。

でも、この説では祖母や母になぜ似るかを説明できませんね。アリストテレスは百数十年後に『動物発生論』を書き、男性の精液が形や構造を決める情報となり、女性の月経血が物質となって赤ちゃんができるのだ、としました。

ただし、昔はごく小さなものを見るすべがなく、受け継がれているものの実体が何か、まったくわかりませんでした。

顕微鏡の発明は１６００年前後のヨーロッパで、１６６７年には精子が発見されています。しかし、その後も「精子の中には〝小さな人間〞が入っており、母親の胎内で赤ちゃんに成長する」と考える生物学者が少なからずいました。

メンデルの実験によると受け継がれる何かは、粒子状のものらしい

学校で習った「メンデルの法則」を覚えているでしょうか。1800年代後半、オーストリアの植物学者メンデルはエンドウマメで、こんな実験をしています。

「背が高い」「低い」という特徴が世代をへてずっと固定した（純系といいます）2種類のエンドウマメをつくり出して両者を交配します。できた種をまいたら、全部「背が高い」結果でした。これを自家受粉させて得た種を翌年まいたら、「背が高い」と「低い」が3対1の割合で現れました。「種が丸い・しわしわ」では、「花の色の違い」ではどうか、と調べても同じ3対1でした。

つまり、親から子へ受け継がれる〝何か〟は、絵の具を混ぜたときのように融合したり中間調になったりせず、整数の比率で分離する。だから、この働きは、液体ではなくて粒子状のものが担っているに違いない、というのです。

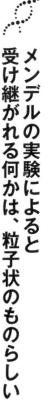

図1　メンデルの法則

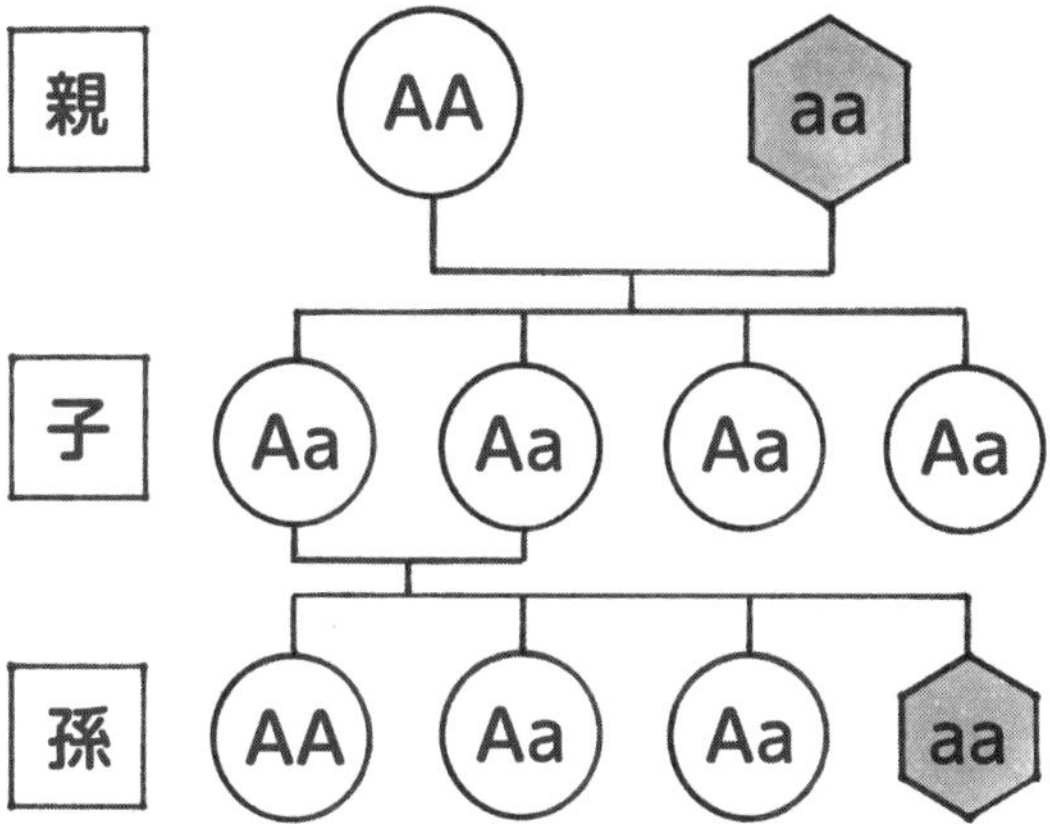

　ちょっとややこしいですが、子世代が「4対0」なのに孫世代で「3対1」となるわけを図1で説明しておきましょう。

　背の高い・低いは対立遺伝子「Ａとａのセット」で決まると考えて、ずっと高いものの遺伝子型をＡＡ、ずっと低いものをａａとします。ＡＡとａａをかけ合わせた子は、親から遺伝子を半分ずつ受け取るからＡａかａＡです。Ａとａは顕性《けんせい》・潜性《せんせい》（優性・劣性）の関係にあるので、ＡａもａＡもすべて背が高くなります。

　このＡａかａＡどうしをかけ合わせた孫は、やっぱり親から遺伝子を半分ずつ受け取ってＡＡ、Ａａ、ａＡ、ａａのどれかになります。このうちAを含むものは背が高く、含まないものは低くなります。だから3対1です。

メンデルは遺伝子という言葉こそ使っていませんが、こんなことが起こっていると、こつこつ15年間も続けた実験で明らかにしたのです。

家畜や農作物では昔から人為的な交配が繰り返され、羊をよく追う犬、乳をよく出す牛、太った豚、寒さに強い穀物、大きくなる野菜や果実などがつくり出されてきました。だから、メンデルが明らかにしたようなことに気づいた人がいるかもしれません。でも、わざわざ確かめようとした人は、誰一人いなかったのですね。

ところが、メンデルの書いた論文は当時の生物学者にまったく相手にされず、忘れられてしまいました。再発見されたのは三十数年をへた20世紀に入ってから。「遺伝子」や「遺伝学」という言葉が生まれたのもこのときです。

遺伝を担うのは「DNA」という物質だった！

19世紀には顕微鏡による研究が進み、動植物は細胞からできている、細胞は細胞分裂によって増える、細胞分裂では特定の色素でよく染まる棒状の染色体を観察できる（命名は１８８８年）、といったことがわかりました。

１９０２年には、大きい染色体がよく見えるバッタの研究で、卵子や精子をつくる細胞が分裂するときは「対になっている染色体が半数になる」と報告されました（減数分裂）。その卵子と精子が受精すると染色体の数が元に戻り、父親と母親から半分ずつもらったことになります。これが遺伝の基本で、メンデルの法則どおりだ、という仮説が唱えられたのです。

時代が前後しますが、１８６７年には、病院の包帯やガーゼについたうみ（白血球の死骸です）から白っぽくどろりとした物質が抽出されています。リン酸・糖・塩基からなるこの物質は、当初「リンの貯蔵庫か何かだろう」くらいに見られて、注目されていません。「核酸」と名づけられたのちも長い間、タンパク質でできているだろう遺伝子の入れ物をつくる物質では、と思われていました。

この核酸、つまりＤＮＡ（デオキシリボ核酸）が遺伝子そのものとわかるのは１９４０年代と、まだまだ先です。

１９５３年、ＤＮＡの「二重らせん構造」が明らかになった

１９３０年代には電子顕微鏡が発明され、以前は見えなかった微小なウイルスなどが観察できるようになります。微小な結晶の構造を解析するＸ線回折法でＤＮＡの写真も撮られました。これは３次元の物体を平面に映す影絵のようなもので、元の構造を知る手がかりになります。その後、１９５３年、ワトソンとクリックの２人が、ＤＮＡは「二重らせん構造」をしていると発表しました。

ヒトの全遺伝子情報の1セット「ヒトゲノム」の解読は、その半世紀後です。ヒトゲノム計画は１９９０年にアメリカ政府が予算30億ドルをつけ発足し、91年から作業がスタートします。２０００年ドラフト版が完成。03年に完成版が公表され、ヒトの全遺伝子配列の99％が99・99％の正確さで含まれているとされました。

このように人類は、ヒトのゲノムを初めて読むのに、13年かかったわけです。これは人類代表の誰かのゲノムを読んだのではなく、国際プロジェクトとして複数の国・複数の人のゲノムを読んで、まとめたものです。

ほんの20年前、人類総出で13年かかったヒトゲノムの解読が、いま何日かかると思いますか？　いまは最先端装置を持つ企業や研究所に頼めば、１日半か2日で終わってしまいます。当初99・99％とされた精度もケタ違いに上がり、コストは個人で支払える金額まで下がっていて、２０２３年の時点で約15万円で全ゲノム解析が可能となっています。

じつは２００１～02年ころ、私たち京都府立医大第一内科ゲノムタンパク機能研究室グループは、全国に先駆けてDNAマイクロアレイ（DNAチップ）を臨床医学に応用しはじめました。これは工学分野の半導体技術「超集積（LSD）回路」をバイオ分野に応用したもので、その技術により、わずか1センチ角のチップに、検出用DNAを30万スポット超集積することが可能となりました。

国内では90年代後半に技術の基礎的検討が数か所でおこなわれていただけで、実用化にはほど遠い状況でした。

私はその頃、東大大学院遺伝学教室（薬学）の特別研究生でしたが、海外の技術に着目し、母校の恩師の吉川敏一先生の応援もあり、国内では真っ先に臨床医学応用として、ヒトサンプルで網羅的にDNA解析やRNA解析を始めました。

当時2000年ころまでは、世の中では1実験にせいぜい10種類の遺伝子を調べるのが精一杯でした。ところが、瞬時に30万種類の遺伝子実験ができるようになったのです。私たちの生命現象では、つねに数万、数十万以上の分子があり反応しています。そうした生命現象を網羅的に解析できる、まさに「バイオ革命」となったわけですね。

大量かつ網羅的な遺伝子解析を世界でも早くスタートさせ、宝の山を掘り出すところまではよかった。「やったぞ！」と思ったものです。ところが、得られた情報が膨大すぎて正直、手に負えず、頓挫《とんざ》することも多々ありました。

最近、ＡＩ技術を使ってビッグデータを解析できるツールが登場して、ようやく具体的な実用化の方向性が見えてきた、と感じているところです。

膨大なゲノム情報があっても、それだけでは役に立ちません。そのデータの分析を重ね、意味を知ることが必要です。その重要なステップを、いま世界中の研究者たちが一歩一歩昇っているところです。

思い出すのは、私たち京都医科大のグループが、当時世田谷にあった国立医薬品食品衛生研究所のCell Signaling Network Databaseで、共同研究をおこなったことです。そのデータベースと連動して膨大な遺伝子データから有効なシグナル経路を見出す試みをして、２００１年、それが私の学位論文になりました。当時画期的で、私は大学院を出た直後でしたが、あちこちから講演を依頼されたりしました。

いまではチップ技術よりもシークエンサーという遺伝子解析技術で、わずか１～２日で全遺伝子を解読できるようになりました。科学技術の進歩には目を見張ります。

体内の全DNAをつないだ長さは、数百億キロメートル!?

DNAは事実上、地球上のすべての生き物が持っていると考えていいでしょう。生き物は、たくさんの細胞からできていますが、基本的にすべての細胞に同じDNAを持っています。生まれてから死ぬまで、そのDNA情報を持ちつづけます。

ヒトも例外なく持ち、ある人のすべての細胞には同一のDNAが入っていて、ひもか鎖のような二重らせんになっています。では、ヒトの全細胞のDNAをつないだら、どれくらいの長さになるでしょうか?

ヒトの身体は37兆個くらいの細胞からできています。仮にそのすべてに長さ1・8メートルのDNAが入っているとすれば、全部つなげた長さは、じつに666億キロメートル! 太陽から冥王星までの平均距離の約11倍、地球と太陽を220往復しても足りない長さです。「えーっ」と、想像を絶する長さです。

本当のところは、ヒトの細胞の7割前後は核もＤＮＡも捨て、ヘモグロビン運びに特化した赤血球が占めますから、長さの合計から赤血球分を除いたほうがいいのです。それでも全長２００億キロくらいで、太陽まで66往復ですから、むちゃくちゃ長いことに変わりはありません。冥王星まで軽く行けてしまいます。ちなみに犯罪捜査などで「血液からＤＮＡを採取」というのは白血球から取っています。

ヒトＤＮＡの「二重らせん構造」とはどういうものか？

ここから少し、生物の教科書に出てくるような話をします。図2をご覧ください。遺伝子の本体であるＤＮＡ（デオキシリボ核酸）は、「リン酸」「糖」「塩基」がくっついたものを1単位として、鎖のように長く連なった物質です。

「塩基」は、水素・炭素・窒素からなる分子で、アデニン（A）、チミン（T）、グア

図2　DNAの二重らせん構造

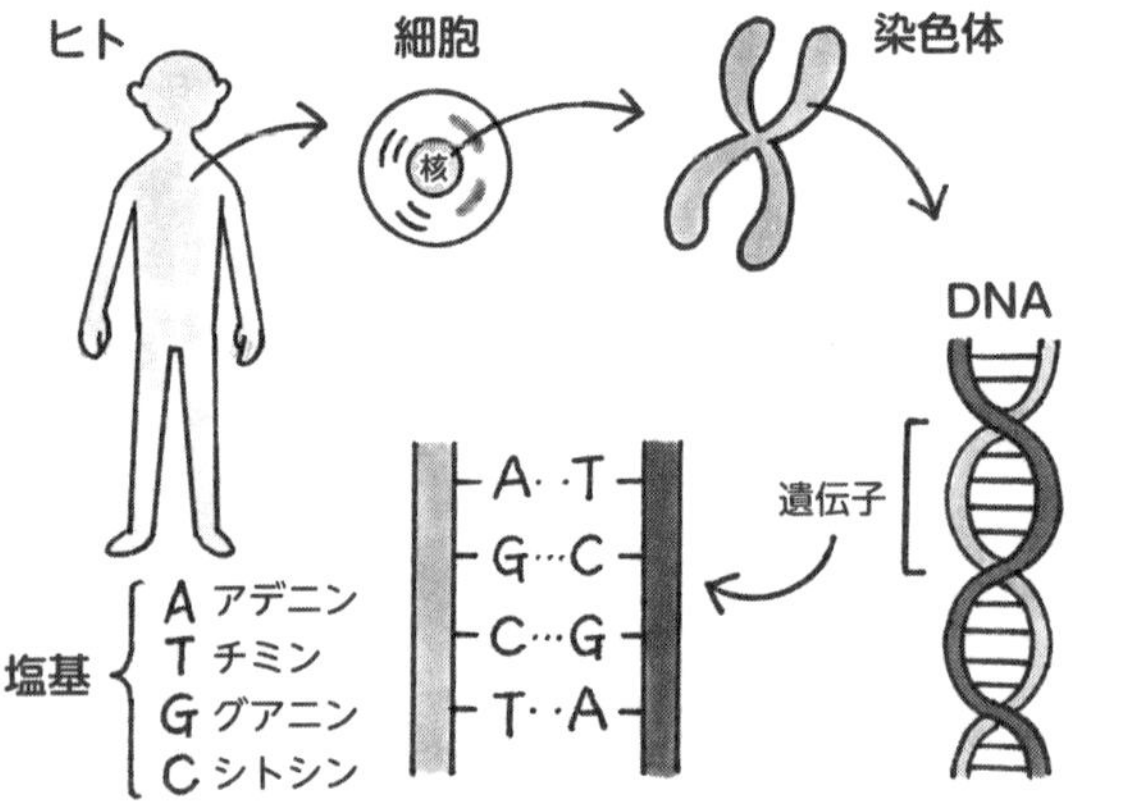

ニン（G）、シトシン（C）の4種類があります。

この4つの組み合わせによって、DNAの鎖は2本1セットとなっています。つまり、鎖の間に塩基のペア（塩基対）がつくられて、長い縄ばしご型になっているとイメージしてください。しかも縄ばしご全体が、らせん状にねじれて（らせん階段に似て）いるので、これをDNAの「二重らせん構造」といいます。

この構造を最初に見つけたワトソンとクリックは、1962年にノーベル生理学・医学賞を受賞しました。

２万字中、ほとんど一緒でも１字違うだけで大違いになる

多くの生物では、ＤＮＡに遺伝情報が保存されています。言い換えれば「ＤＮＡは生物の設計図」なんですね。一部には例外もあって、新型コロナウイルス（ＳＡＲＳ－ＣｏＶ－２）ではＤＮＡと構造がよく似たＲＮＡに全遺伝情報が保存されています。

ＤＮＡをつくる塩基対は約30億対と見積もられています。そこでＤＮＡは、30億文字が書いてある1冊の本にたとえられます。塩基対1個が1文字です。重要なのは、その文字の並び順――たとえばＡＴＧＧＴＴＧＧＴＴＣＧＣＴＡＡＣＴＧ……というような配列です。

配列のうち「ここからここまでは1つの文のように意味がある」とわかった部分が、狭い意味の「遺伝子」です。数は２万２０００くらいとされています。つまり人間百

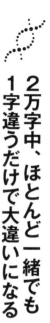

科事典の全文字数が30億文字、そのなかの文章らしきものが2万2000文あるといったら、わかりやすいでしょうか。

1つの遺伝子の長さとしては1000～2500塩基、つまり1つの文章の長さが1000～2500文字ですが、長いと1万文字くらいのものもあります。

地球上に80億近い人間がいて、一人ひとり顔かたちも性格も多種多様なのに、設計図のなかで意味ある文章の数が2万ちょっと、使われている文字が全体の2％というのは、少なすぎるような気がしませんか。答えは次の項でお話ししますね。

また、その文章は、ある人と別の人でほとんど同じように見えて1文字（1塩基）だけ異なるというように、さまざまなタイプがあるのです。ほとんど同じ遺伝子なのに微妙に違うことを「遺伝子多型」といいます。これが一人ひとりの才能や性格（個性）や体質の大きな違いに現れたり、ある病気にかかる人かからない人がいる原因になったり、薬の効きや副作用の個人差になったりします。

このなかで、配列の塩基1つだけが違うものを「SNP《スニップ》」または「一塩基多型」といいます。ヒトのDNAでは、AGCT……と1000個連続するうち平均1個くらいが違っているとされ、30億塩基対では二百数十万か所以上のSNPがあると見られています。

遺伝子ではない「ガラクタDNA」が大きな働きをしていた？

DNAが30億文字の本なら、文にあたる遺伝子は2万ちょっと、文字数で2％くらいでした。では、残り98％の約29億4000万文字は何をしているのか、気になりますね。

これは以前、「ノンコーディングDNA」や「ジャンクDNA」と呼ばれ、ゴミ扱いされていました。コードは符号・記号・暗号・規則（たとえばドレスコード）という意味だから、〝ノンコーディング〟とは体系立てて符号化や記号化されて〝いない〟

DNA配列。あるいは、意味がわからないガラクタDNA配列となります。どちらも残念な呼び方です。

だからといって、文字数にして98％前後の意味不明な部分は、なくていいわけでは全然ありません。いまでは、それらが2％の実際に働いている遺伝子を調節していることがわかってきました。

つまり、遺伝子ではないノンコーディングDNAにある情報が、遺伝子の働きに少なからぬ影響を与えているんですね。遺伝子からある物質がつくられて働くプロセスのどこかで、ノンコーディングDNAの情報が読まれ、利用され、物質の量や働きが左右されているのです。

DNA30億文字のうち、遺伝子は黒インクで書かれ、ノンコーディングDNAは透明インクで書いてあるようなもの、といった人がいます。つまり、読めないだけで、本当は大きな意味があるのかもしれない。このあたりがもっと解明されれば、医学上の大発見につながるかもしれません。

具体的には私はこのように想像しています。ノンコーディングDNAからノンコーディングなＲＮＡの断片がつくられて、それらがいろいろな場所のＤＮＡにくっついたりします。ＲＮＡは「二刀流」で酵素活性やタンパク質機能も持てるので、それらがお互いに作用しながら遺伝情報を調整しているのではないでしょうか。

ＤＮＡは細胞分裂やタンパク質合成で「あなた」をつくっている

ここまで読んでくださったみなさんは、ＤＮＡという設計図のことは、だいたいわかったけど、建築の設計図と建物は、まったく違うものじゃないの？　人間の身体はＤＮＡをもとにどうやってできるの？——と思われたのではないでしょうか。この疑問に簡単にお答えしましょう。

人体は「肉や骨や内臓などから成り立っている」とも「細胞でできている」ともいえますが、「ＤＮＡでできている」（ＤＮＡを組織や構造として成り立っている）わけではありません。繰り返しになりますが、この意味でＤＮＡは、〝もの〟というより本質的に〝情報〟なのです。ＤＮＡの情報は、身体をつくるときの「細胞分裂」と「タンパク質合成」で、こんなふうに使われています。

細胞分裂では、ＤＮＡの二重らせんがほどけて、ＤＮＡ1本それぞれが塩基の先っぽに相補的に相手となる物質を並べ、もう1本をつくります。図3をご覧ください。つまり、まず2本鎖「┠┨」が「┤┤┤」と「├├├」に分かれる。それぞれが、あたり一帯に漂っている物質から相手となるものを見つけ、くっつける（「┤┤┤」は「├├├」を、「├├├」は「┤┤┤」をつくる）。こうしてできた「┠┨」2セットが、細胞が2つに分かれるときに分配される。すると「┠┨」を持つ細胞が2個できる――という仕組みです。

タンパク質を合成するには、ＤＮＡの塩基配列の情報が、タンパク質を構成するアミノ酸の情報に置き換わることが必要です。まず、ＤＮＡの二重らせんの一部がほど

図３　DNA の細胞分裂

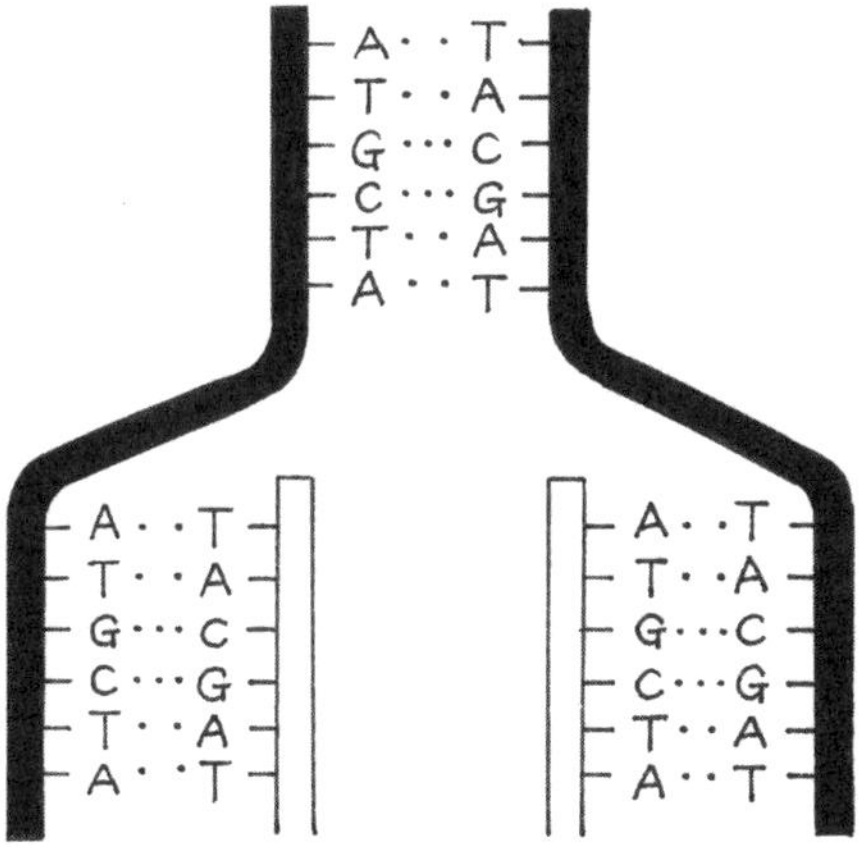

けて、塩基の先っぽにやっぱり相補的に相手となる物質が並びます。これが「ｍＲＮＡ」（メッセンジャーＲＮＡ）で、ＤＮＡの部分的な配列を鋳型として、凹から凸を写し取るようにコピーができるのです（「転写」といいます）。ＲＮＡはＤＮＡに似た１本鎖の物質です。

ｍＲＮＡは細胞核から出ていき、いわば細胞内の「タンパク質製造所」であるリボゾーム（リボソーム）というものにくっつきます。そこでｍＲＮＡの配列をもとに、今度は凸から凹を写し取るようにタンパク質が合成されます（「翻訳」といいます）。

ＲＮＡの塩基は、ＤＮＡのＡ・Ｇ・Ｃ・

Tとやや違い、A・G・C・U（ウラシル）が並んでいます。このうち3つが1つのアミノ酸を指定します。このルールは地球上のすべての生命体に共通です。たとえば、ゴキブリでも、桜の木でも、カビでも、目に見えないバイ菌でも、すべて同じルールです。

タンパク質とは、20種類あるアミノ酸がさまざまな数・順序・組み合わせでつくる高分子化合物です。硫黄・リン・鉄などアミノ酸以外の物質がくっついているタンパク質もあります。ヒトが体内でつくり出せるアミノ酸は11種類。残り9種類は食物から補給しなければならず、「必須アミノ酸」と呼ばれます。「魚・肉・卵・大豆・チーズなどから摂りましょう」といわれるのが、これです。

タンパク質は、人体の至るところにあって筋肉・骨・臓器・皮膚・毛髪などをつくっています。さまざまな反応の促進や細胞内の情報伝達をする「酵素」、身体の機能を調整する「ホルモン」、身体を守る「抗体」などの材料となるのもタンパク質です。赤血球の中にあって酸素を運ぶヘモグロビンや、血液の中にあって脂質を運ぶアルブミンは「輸送タンパク質」と呼ばれます。

こうしてＤＮＡは「あなた」をつくっています。

そのＤＮＡには親から受け継いだ遺伝子が入っています。タンパク質は遺伝子の情報をもとにつくられるから、遺伝子が違えば酵素やホルモンや抗体も違ってきます。その違いが、あなたの才能や性格に関係して「個性」を生み出したり、健康に関係して「体質」を生み出したりするのです。病気のかかり方や薬の効き方にも影響するでしょう。「遺伝子が、あなたに関する多くのことを決めている」というわけが、おわかりいただけたと思います。

「日本人は新型コロナにかかりにくい」説は、遺伝子のせい？

いま話に出てきたｍＲＮＡに、聞き覚えはありませんか？

そう、「ｍＲＮＡワクチン」ですね。新型コロナワクチンは、ファイザー社製もモデルナ社製もこちらです。あなたが接種を受けていたとすれば、そのワクチンには、mRNAが入っていたのです。

歴史上のコロナウイルスは、SARS《サーズ》もMERS《マーズ》も突然収束しています。

1889〜91年のパンデミック（世界流行）で死者100万人を出した「ロシアかぜ」は、味覚や嗅覚を失う症状や血栓症が出た、子どもに少なく高齢者の死亡率が高かったなど、新型コロナに似たところがあり、コロナウイルスによるものだったともいわれます。これも流行数年後には姿を消しました。

新型コロナにかかりやすいか・かかりにくいかに遺伝子が関係する、という話がありますから、ちょっと触れておきましょう。

生物は、自分以外のものが身体に入ってくると、対応する「抗体」をつくって闘おうとします。この反応を引き起こす物質を「抗原」といいます。

その一つに「白血球抗原」（HLA）があり、非常に多くのタイプに分かれています。

遺伝的に日本人の多くが持つＨＬＡ－Ａ24型は、新型コロナウイルスが細胞に〝取りつく部分〟をいち早く見つけ、いわば、警報を発する能力に優れていました。これがパンデミック初期に日本人がかかりにくいとされた理由の一つかもしれません。

ところが、インドで見つかったデルタ株は取りつく部分に変異があり、ＨＬＡ－Ａ24の働きを鈍らせてしまう。だから２０２１年夏に第5波が広がったのだ、という人もいます。

もっとも、21年秋からデルタ株がすーっと消えていき、オミクロン株の登場までコロナ状況が落ち着いていたのはなぜか、理由がはっきりしません。ウイルスの流行とはそういうものなのだ、とでもいうしかないような気もします。

ウイルス学はまだ１００年もたっていない新しい学問なので、わからないことが山ほどあります。そのなかでも〝ウイルス干渉〟という現象が知られています。これはあるウイルスが流行すると、ほかのウイルスが流行しないというものです。このメカニズムも詳しいことはわかっていません。免疫応答（反応）が最初に強く起こったからだろうとされていますが、詳しい仕組みは不明です。

このコロナ禍でも、かぜウイルスの一つであるライノウイルスだけは、新型コロナウイルスが猛威を奮っているなかで、まったくといっていいほどウイルス干渉せずに国内で流行し、蔓延しました。

また武漢で最初に流行した新型コロナウイルスは、中国国内ではインフルエンザウイルスとの重複感染が報告されています。さらに2023年には、オミクロン株から派生したものとインフルエンザウイルスが同時に蔓延しています。

ですので、デルタ株収束後の不思議な落ち着きと沈静化、のちのオミクロン株大流行前の「嵐の前の静けさ」、蔓延後のインフルエンザ同時流行の謎のなかに、今後のコロナ対策や人類の新たな伝染病に対峙する戦略のヒントがあるかもしれません。ウイルス学は新しく始まったばかりなのです。もっともっと研究が進まなくてはならない分野です。人類とウイルスの闘いは、この先もずっと続くでしょう。

2022年のノーベル生理学・医学賞はネアンデルタール人の遺伝子解析の研究が受賞しました。コロナ重症化のリスク要因遺伝子は、じつはネアンデルタール人より受け継がれたものであったという研究報告があります。姿を消した古代人の遺伝子が、私たちに伝播《でんぱ》していたとは驚きです。彼らも私たちのように、ウイルスと闘っていたのですね。

新型コロナの救世主「ｍＲＭＡワクチン」は次のノーベル賞となるのか？

今回のパンデミックで特筆すべき一つは、ｍＲＮＡワクチンの活躍です。

インフルエンザワクチンは、ひよこになる前のニワトリの卵にインフルエンザウイルスを注射して増やし、これを原料として精製・凝縮し、感染性をなくす処理をしてつくります（不活性化ワクチン）。生きている細胞の中でなければウイルスが増えないので卵を使いますが、健康で清潔な卵を大量に必要とし、日数もコストもかかります。10月ころ出回るものは3月から準備します。

ＢＣＧワクチンは、病原性を弱めた結核菌からつくります（生ワクチン）。

これらのワクチンを打つと身体が〝擬似的に感染〟して、抗原（病原体）に応じた抗体ができ、本物のウイルスや細菌が入ってきたとき攻撃してくれます。

この原理はｍＲＮＡワクチンも同じですが、つくり方がまったく違います。


インフルエンザやＢＣＧのワクチンが、感染力をなくすか弱めるかした「ウイルス本体」であるのに対して、ｍＲＮＡワクチンは「ウイルス部品（取りつく部分）の設計図」なのです。この設計図を人体に入れると、細胞内で〝ウイルスの重要スイッチ〟部分だけが増えて、それに対する抗体ができます。その抗体が、ウイルス襲来のときにその〝重要スイッチ〟部分を壊してウイルスを撃退する作戦です。

体内に入ったｍＲＮＡは、瞬時にＲＮＡ分解酵素によって活性が失われるので、ワクチン成分がヒトのもともと持っているＤＮＡには影響しません。

繰り返しますが、ＲＮＡはもともと非常に不安定ですぐに分解してしまいます。私はこれまで国際的な共同研究によってＲＮＡの不安定さの分子シミュレーション予測をおこない、国際誌に発表したり、ＲＮＡの不安定さの指標となる〝ＲＮＡ安定化マーカー〟を発見したりして、特許公開をおこなってきました。

２０２１年か22年のノーベル生理学・医学賞は〝遺伝子ワクチン〟の発明に与えられるのでは、と私は思っていました。予測ははずれましたが、ｍＲＮＡワクチンが人類に大きな恩恵をもたらす画期的なものであることには変わりなく、従来の不活性化ワクチンの多くがこれに置き換わるのではないか、と見ています。

ノーベル賞受賞となるなら、その重要なポイントは「ＲＮＡの不安定さ」を改善したことです。私たちもこの問題に悩んで、分子シミュレーションや、ＲＮＡ安定度の指標になるマーカー発見に務めたのですが、ハンガリー出身のカリコ博士はＲＮＡの一部のウラシルという分子を少し変えた（修飾を加えた）ことで不安定さを改善させました。

これには偶然があったとしても、ノーベル賞級の「さすが！」な大発見があったと思います。私はこれまで2回、ノーベル賞を予言して数年後に的中させましたが（ゲノム編集技術、免疫チェックポイント）、次はこれで3度目を的中させます（笑）！

誰でも、「自分の遺伝子」情報を検査キットで調べられる時代が来た！

この本では第1章から第3章まで、私たちの才能・性格・病気のかかりやすさなどを決めているさまざまな遺伝子を見てきました。読み進むうち「自分はこの遺伝子のどのタイプだろう？」「うちの子は、このタイプじゃないかな？」などと思われる読者が、少なからずいらっしゃったでしょう。自分でそれを、ある程度は確かめられることに触れておきます。

「遺伝子診断」は、医療の現場でふつうにおこなわれています。医師が患者の疾患を疑い、インフォームド・コンセント（患者の了解）を得て、血液・頬《ほお》の内側から小さなブラシか綿棒で取った細胞・がんの組織といったサンプルを採取して検査会社に出し、その結果を診断や治療に使います。多くの遺伝病（遺伝的な要素がある病気）で遺伝子診断が利用できます。

発症していない段階の遺伝子診断を、世界に広く知らしめたのは、アメリカの女優アンジェリーナ・ジョリーのケースです。彼女は２０１３年、自分は乳がんや卵巣がんの発生確率が高まるとされる遺伝子「ＢＲＣＡ１」に変異があって、乳がん予防のため乳腺の切除手術を受けた、と新聞へ寄稿し公表しました。さらに2年後、同じように卵巣と卵管の切除を公表しました。

遺伝子を調べて特定の病気にかかる恐れが高いと判断し、発症しないうちに臓器や器官を取り除いてしまったわけです。彼女は、医師から発病確率を知らされたといい、2回目も初期の卵巣がんの恐れがあると医師に告げられ、複数の医師に相談して手術を決断したようです。

このことは20～30年前まで、どの医師も経験がなく、それどころか、やってはならない倫理的な大問題と考える人が多かったのです。しかし、ジョリーの公表で議論が沸騰《ふっとう》しました。がんのリスクが大きいなら、乳房切除とその再建手術をしても何の問題もないという考え方が広まり、希望する患者が急増、「アンジェリーナ効果」という言葉が生まれたほどでした。

すでに現在、臨床現場では免疫抑制剤の効果を予測する遺伝子診断が多くの患者に実践されており、ゲノム診療は確実に臨床応用されてきています。


遺伝子診断に使われるような検査を、医師の関与なしに一般の人が利用できるようにしたのが「遺伝子検査」です。遺伝子ビジネスはアメリカがもっとも進んでいますが、日本に進出した会社もあり、有名なところが3つほどあります。

たとえば、インターネットで登録し、何種類かあるパックの1つを選んで申し込むと、検査キットが送られてきます。自分で唾液や頬の粘膜を綿棒で擦《こす》って取って送り返すと、1~2か月で自分の結果をネットのマイページで見ることができるようになり、解説レポートが送られてきます。

あるパックでは病気150種類のかかりやすさと体質や傾向130項目を調べることができます。がんのかかりやすさだけを調べる別のパックもあります。パックによって違いますが、2万~5万円くらいの価格設定が多いようですね。

この本で「私はこの遺伝子を持っている・持っていない」と書いてきたのは、こういう遺伝子検査でわかったことです。

一度登録し、自分のゲノム情報を検査会社に預けると、「こんな遺伝子多型があります。あなたも調べてみますか？」と通知するメールが、結構くるようになります。申し込むと結果をメールで知らせてきて、料金はカード引き落としというシステムです（追加なので1回数百円といった価格設定となります）。いろいろと新しく発見されてくる遺伝子が、スマホなどで簡単に閲覧できるようになっています。

DNA配列は「究極の個人情報」使い方を誤ってはならない

もちろん検査会社は、送付試料（送り返した唾液など）は厳重に管理して遺伝子解析が終わったら廃棄する、得られた遺伝子解析結果の情報は暗号化して個人を特定しない状態で厳重保管する、といっています。

そうなのですが、たとえば、ある人がマイページに載っている自分の遺伝子情報を自分の控え用に印刷し、その管理が悪かったために外部に流出してしまう恐れはあるかもしれません。

そんなかたちで、誰かの情報が流出し、あの人は「高い確率でがんになる遺伝子を持っている」「ボケ遺伝子を持っている」という話が広まったら……。仕事に影響するどころか、差別が起こる可能性もあるかもしれません。

アメリカには「遺伝子情報差別禁止法」があって、遺伝情報を使って採用不採用の決定や解雇をすることも、給与その他の条件で差別することも禁止されています。健康保険会社が、遺伝情報だけで保険対象者を制限したり発症リスクが高い人の保険料を高く設定したりすることも、許されていません。

日本の法整備はこれからで、遺伝子差別という問題があることすら、多くの人にまだ知られていないでしょう。

ところがいまは、おカネさえ払えば誰でも、自分のDNA配列という〝究極の個人情報〟を手に入れ、遺伝子検査会社に預けっぱなしにできる時代。すごい時代になってきたものです。

遺伝子差別も問題ですが、自分の遺伝子情報を調べた人が、ある病気の将来的な発症確率の数字だけを見て、必要以上に恐れたり、逆に楽観しすぎたりする弊害もありそうです。結果を見て医師など専門家に相談すればいいのですが、結果を正しく解釈できないまま、自分の身体について誤った理解をしてしまったら大ごとですね。

また逆に「天才遺伝子」が見つかった場合には、２０２０年にノーベル賞を受賞したゲノム編集技術によって、天才遺伝子を組み込んだ〝ゲノム編集ベビー〟が未来にどんどん生まれてくるかもしれません。現にある国では、試験的にゲノム編集ベビーの作成に成功したという情報もあります。たいへんな世の中になってきています。

みなさんには、そんなことを頭の片隅におきながら自分の遺伝子について知っていただきたいと願っています。

最新の研究でわかった人生を支配する真実
すべて遺伝子のせいだった!?

発行日　2023年4月18日　第1刷

著者　一石英一郎

本書プロジェクトチーム
編集統括　柿内尚文
編集担当　高橋克佳、斎藤和佳、増尾友裕
編集協力　坂本衛、澤近朋子
アップルシード・エージェンシー（著者エージェント）
デザイン・DTP　菊池崇+櫻井淳志（ドットスタジオ）
マンガ・イラスト　ときのきひろ

営業統括　丸山敏生
営業推進　増尾友裕、綱脇愛、桐山敦子、相澤いづみ、寺内未来子
販売促進　池田孝一郎、石井耕平、熊切絵理、菊山清佳、山口瑞穂、吉村寿美子、矢橋寛子、遠藤真知子、森田真紀、氏家和佳子
プロモーション　山田美恵、山口朋枝
講演・マネジメント事業　斎藤和佳、志水公美、程 桃香

編集　小林英史、栗田亘、村上芳子、大住兼正、菊地貴広、山田吉之、大西志帆、福田麻衣
メディア開発　池田剛、中山景、中村悟志、長野太介、入江翔子
管理部　八木宏之、早坂裕子、生越こずえ、本間美咲、金井昭彦
マネジメント　坂下毅
発行人　高橋克佳

発行所　株式会社アスコム

〒105-0003
東京都港区西新橋2-23-1　3東洋海事ビル
第2編集部　TEL：03-5425-8223
営　業　局　TEL：03-5425-6626　FAX：03-5425-6770

印刷・製本　株式会社光邦

Printed in Japan ISBN 978-4-7762-1248-5